我是众中的一个

星云大师谈包容智慧

星云大师 著

中国工人出版社

图书在版编目（CIP）数据

我是众中的一个：星云大师谈包容智慧／星云大师著.—北京：中国工人出版社，2017.5
出版管字［2017］458号
ISBN 978-7-5008-6629-9

Ⅰ.①我… Ⅱ.①星… Ⅲ.①人生哲学—通俗读物 Ⅳ.①B821-49

中国版本图书馆CIP数据核字（2017）第048375号

本书由上海大觉文化传播有限公司独家授权出版中文简体字版

我是众中的一个：星云大师谈包容智慧

出 版 人 芮宗金
责任编辑 葛忠雨 刘广涛
责任校对 董春娜
责任印制 黄 丽
出版发行 中国工人出版社
地　　址 北京市东城区鼓楼外大街45号 邮编：100120
网　　址 http://www.wp-china.com
电　　话 （010）62005043（总编室）
（010）62005039（出版物流部）
（010）62379038（社科文艺分社）
发行热线 （010）62005049 （010）62005042（传真）
经　　销 各地书店
印　　刷 三河市东方印刷有限公司
开　　本 880毫米×1230毫米 1/32
印　　张 5.125
字　　数 77千字
版　　次 2017年5月第1版 2020年8月第4次印刷
定　　价 38.00元

目录

以出世胸怀，做入世事业

1

佛教与其他宗教不同，它并不是盲信。佛教的信仰是建立在理智、慧解上，甚至建立在疑情上。所谓“大疑大悟、小疑小悟、不疑不悟”，佛教的缘起、中道、因果等教义，都可以解答人生的种种疑惑。

——《普门学报·佛教对“人生命运”的看法》

2

就一般世俗的眼光而言，常会认为佛教是消极的、逃避的、遁世的，那是因为对佛教的“空无”思想没有正确的理解。无，并不是否定一切，反而具有积极、肯定的意义，因为“无”才能“有”。好比口袋空了，才能装进更多东西；杯子空了，才能倒进清水。无，本就具足一切，不假外求，“无”是“无限”“无执”“无累”“无求”。当我们的心中，无所企盼，无所获得，自然不会有失去的痛苦，这就是“无”的境界。学习佛法，也要抱着“空无”的观念与态度，这样佛法才能深入心中，也唯有体会“无”的妙

李萧锟　绘

星云语录

无，本就具足一切，不假外求，『无』是『无限』『无执』『无累』『无求』。当我们的心中，无所企盼，无所获得，自然不会有失去的痛苦，这就是『无』的境界。

用，才能建立新的人生观。

——《人间佛教系列·学佛与求法·从何处下手学法》

3

佛教在人间最大的功能，不只是超度亡者，令生善趣[①]，更重要的是和谐社会、清明政治、善治经济，合于礼法地处理人生各种事业，完成有意义、有价值的人生，这才符合佛陀所揭橥的人间佛教。

——《星云日记》

4

佛教要“人间化”“事业化”，但更重要的是“佛法化”，不能“世俗化”。开办学校，推广教育，不能以图利为本；创办医院，救人一命，不能金钱至上。可以开设素食餐厅，可以创设果园农场，但不能杀生营业，唯利是图。此外，只要是能够光大佛法的文教慈善，都应该兴作。总之，弘法利生的事业，应该有所作为，也应“非佛不作”。

——《人间佛教系列·佛光与教团·怎样做个佛光人》

5

人间佛教不是随意空喊出来的口号。人间佛教是佛教的真理，人间佛教是般若智慧。有了人间佛教，我们就能看到事理的圆融、人我的尊重、法界的融和、生命的平等，就能看到无量无边、无穷无尽的法界，看到你和我不是不同的两个个体，而是你和我是一体的。今日苦难的人间，需要的就是这样的般若智慧，有了般若，才能照破世间的黑暗，人间佛教正是人类未来之希望所系。

——《普门学报·佛教对“民间信仰”的看法》

6

“人间佛教”这个名词并非我所发明独创，而是佛教的原始风貌。佛陀时代的佛教，本就是一种“以出世胸怀，做入世事业”的人间佛教，举凡菩提心、平等行、因缘观、般若慧等，只要是佛陀的教法，都属于人间佛教的范畴。佛灭后，佛教徒侧重义理的研究，而忽略了佛教的社会性和时代性，于是主张解行并重的大乘佛教应运而生，挽救了佛教衰微的危机，因为大乘佛教的菩萨道思想，就在于人间佛教的实践。一九三〇年左右，太虚大师曾讲说人生佛教；一九四六年，慈航法师在星洲创办《人间佛教》月刊，此后，人间佛教的名号就一直非常响亮。

——《星云日记》

7

学佛被批评迷信时怎么办？正信比迷信好（因迷信是盲目的），迷信比不信好（因迷信是有，不信则什么都没有），不信比邪信好（宁可什么都不信，也不要邪信）。民间宗教不完全是佛教，人间佛教是正信的、清净的、道德的、合理的，人间佛教重视的是人与人之间的和谐，以及现实生活的美满与福德。

——《星云日记》

8

佛光山推行的人间佛教，是佛法与生活融合不二的人间佛教，注重个人身心的净化，生活要过得幸福美满，人际关系要尊重包容，所以人间佛教的内容有：

（1）家庭温暖。　（2）身心调和。

（3）生活净化。　（4）处事愉快。

（5）人群融洽。　（6）环境洁净。

（7）社会安定。　（8）国家承平。

（9）国际和平。　（10）佛土吉祥。

——《佛教丛书·教史·人间佛教的重光》

9

佛教事业不同于一般商业，从事佛教事业的人，应具有信仰、慈悲、给人方便、服务及广结善缘的理念。不管从事什么工作，只要跟佛教的道德、精神相吻合，就可以从事，如旅馆服务大众、百货提供人们购物、素食馆方便人们素食……社会上也有很多人，省吃俭用地来布施，如修桥铺路、施茶、施水……以促进人间祥和气氛，当然也算是佛教事业。

——《星云日记》

10

随着社会之变迁与进步，佛教已非深山修行，而应走出山门，深入社会，面对群众，甚至超越国界，弘化全球。

——《星云日记》

11

如何实践人间佛教？

以慈悲净化社会，

以道德立身处世，

以勤劳创建事业，

以和谐沟通彼此。

——《佛教丛书・教史・人间佛教的重光》

12

佛陀出生在人间，修行在人间，成道在人间，说法在人间，他的一生，正是人间佛教性格的体现。佛陀说法四十九年，讲经三百余会，既不是对神仙、鬼怪说的，也不是对地狱、畜生说的，主要还是以人为对象，所说的佛法，无不充满了人间佛教的性格。人间佛教是佛陀的本怀，它不是标新立异，而是复兴佛法的根本。

我们忝为佛子，想要绍隆佛种，光大圣教，就应该先建立人间佛教的性格。

——《往事百语·皆大欢喜·建立人间佛教的性格》

13

平常要多亲近善知识、多阅读经典以变化气质，“提升心灵”“认真行佛”，自然就是人间佛教“禅”的实践了。

——《开示》

14

我一生弘化，从不强求，凡事只是随顺因缘，尽力而为罢了，从不企求得到什么。然而世间事只要有心，只要有愿，必能待时待缘而成。例如，我从年轻时，就一直希望能为佛教办一所大学、设一家电视台、办一份报纸。经过多年的努力，现在终于一一实现。甚至不止一所大学，而是同时创办三所大学；不止一家电视台，另有多家广播节目；不但办了一份报纸，同时又成立“法藏文库”，出版《中国佛教学术论典》《普门学报》等，这就是“待缘而成”！只要福德因缘俱足，必能水到渠成。

——《如是说》

15

在大乘菩萨道的修行法门中，六度波罗蜜是重要的修行方法，我们从一朵花中，也可看出花具有六度的精神：

（1）布施：花开了，展现出美丽的姿容，令人见了欢喜，因此它有布施的精神。

（2）持戒：花总在一定的时节、范围绽放，不像葛藤会攀附在其他的植物上，它不侵犯别人，所以具有持戒的精神。

（3）忍辱：花必须历经种子的阶段，深埋在土里，其间必须忍受黑暗、潮湿、寂寞，而后抽芽，经过一段时日的孕育，才会开花。甚至开花后，还要耐得住风霜雨雪，乃至蜂蝶采蜜，所以具有忍辱的精神。

（4）精进：一朵花，不论花期长短，总是努力散发芬芳，展现其最美的一面。即使谢了，也会化作泥土、肥料，为来年的成长做准备，甚至留下种子，为继起的生命而生生不息，所以具有精进的精神。

（5）禅定：花，静静地开，展现宁静、祥和、安忍的气质，这就是禅定的境界。

（6）般若：花有各种颜色、大小、香味，千变万化，奇妙不已。花的世界就像人的世界一般，蕴含无限的智慧。

——《普门学报·佛教与花的因缘》

16

一切众生都对我们有恩，为了报众生的恩，所以我这一生不遗余力地提倡文化、教育事业，只为了回馈社会、回馈大众。

佛陀常说："我是众中的一个"，要知道，没有大众就没有我个人。佛教徒若不重视大众，就不能了解佛法、了解真正的人间佛教。

——《如是说》

17

对自己可以不要名，但是为众生、为佛教、为形象，则必须要名。

——《星云日记》

18

"人能弘道，非道弘人"，唯有以教育培养人才，才能成就佛教事业，达到普济群生的功能，而让佛光普照全世界。

——《星云日记》

19

在佛教的经典里，每部经几乎都是以"如是我闻"为开头，最后则以"信受奉行"作为结束。所以，能够信受奉行佛法，就是行佛。佛弟子应以行佛作为修持的标准。例如：

（1）慈悲喜舍是行佛。（2）救苦救难是行佛。

（3）奉献服务是行佛。（4）义行仁道是行佛。

（5）端正身心是行佛。（6）生活密行是行佛。

（7）尊重包容是行佛。
（8）与人为善是行佛。
（9）惭愧感恩是行佛。
（10）吃亏委屈是行佛。
（11）忍耐接受是行佛。
（12）四不坏信[②]是行佛。
（13）与时俱进是行佛。
（14）胸怀法界是行佛。
（15）同体共生是行佛。
（16）佛化人间是行佛。

——《当代人心思潮·自觉与行佛》

20

道没有离开生活。在生活中，若不知随缘，便常常与人计较；做事不随分，就常常不得当；说话不随理，便没有原则，别人也不会信服。不能随遇而安，有如在空中飘荡，处处与人计较得失，日子很难过，生活很烦恼。

——《星云说偈》

21

因缘，是人、事、时、地、物、因、缘、果、报的聚合，缺一不可。我这一生弘法，虽然曾历经种种的人为障碍，但只要心为佛教、心行佛事、心存佛法，纵有磨难，终得拨云见日，佛光普照。

——《星云日记》

22

一个人可以什么都不信，但不能不信因果。因果业报，如影

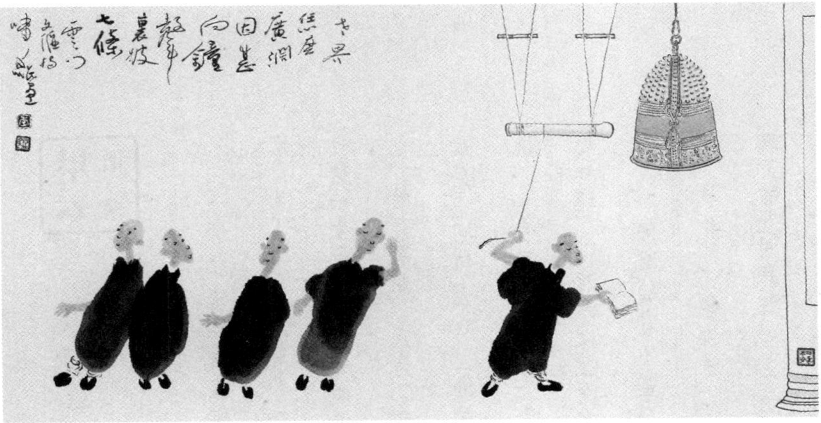

李萧锟　绘

星云语录

一切众生都对我们有恩，为了报众生的恩，所以我这一生不遗余力地提倡文化、教育事业，只为了回馈社会、回馈大众。佛陀常说：『我是众中的一个』，要知道，没有大众就没有我个人。佛教徒若不重视大众，就不能了解佛法、了解真正的人间佛教。

随形，谁也逃不了。因果是很伟大的思想，也是非常公道、非常合乎科学且理智的真理。因果，就是我们的良知、准则、导师及警察。如果世间人人都有因果观念，社会就不需要警察与法院了。所以，我们提倡人间佛教，应该大力倡导因果观念，有了因果观念，必能慎行于始，防非止恶，众善奉行。

——《人间佛教系列·人间与实践·人间佛教的思想》

23

人，生从哪里来？死往何处去？所谓生命的密码又是什么？以科学而言，生命的密码，指的就是遗传的基因，是能量的转换，是生物的演化，是入世的苦乐。站在佛教的立场，则是串联一世世生命的善恶业力；是造因感果、生死相续的因果轮回；是相依相存、同体共生的性空缘起；是烦恼断灭、清净无染的佛性涅槃。

——《生命的密码》

24

般若是人人本具的真如佛性，学佛主要的目的，就是要开发真如佛性。所以信仰佛教，要先求佛、信佛、拜佛，进而学佛、行佛、做佛。唯有行佛，才是人间佛教的实践；唯有做佛，才是信仰的最高层次。

——《普门学报·佛教对“民间信仰”的看法》

25

忍是般若智慧，有接受、担当、负责、处理、化解的意思。一个人如果没有忍的认识，就会分别：我要不要接受、我能不能负担、我能不能化解？有了忍的修养，就有了般若智慧；有了般若智慧，潜能就会增加。平时动荡、混乱、烦恼的心，经过般若智慧的沉淀，所发挥出来的力量，将使我们在做人处事上更圆融。

——《开示》

26

无常，是佛教的真理。一般人因为不了解无常的真义，所以会感到害怕。其实，无常并不可怕。因为无常，才有希望；因为无常，才有未来。无常，让人珍惜生命；无常，让人珍惜拥有；无常，让人珍惜因缘；无常，让人珍惜关系。

——《普门学报·佛教对“生命教育”的看法》

27

“行善是枷锁，作恶名禅定。”这不怪禅师颠倒，因为虽然作福行善，却一味执着人天福报，岂非为枷锁所囚？作恶下堕时，就心灰意冷，以为人生无望，这也是错的。实则“善恶是法，法非善恶”，峻极禅师兴大慈悲，说出一反常理之语，是为了提醒众生，莫为善恶所迷。

——《星云禅话·行恶与修善》

【注释】

① 善趣：六道轮回，地狱、畜生、饿鬼三趣，属于恶趣；天、人、阿修罗三趣，属于善趣。善业多则投生善趣，恶业多则投生恶趣。

② 四不坏信：指对佛陀圣教不起疑心，对佛法真理欢喜接受，对出家僧团护持认真，对佛教戒律奉行不违。

傲慢是最大的敌人

1

一般人信仰宗教，大多是建立在“贪”字上，都是向菩萨、神明要求，希望求得平安幸福、家庭美满、升官发财、富贵长寿等，这种以贪婪为出发点的信仰，无法使性灵的层次提升。我们应该把信仰建立在“舍”字上，使宗教信仰是奉献的、牺牲的、利众的。所以人间佛教的行者，应该具有这种慈悲喜舍的利他性格。

——《人间佛教系列·人间与实践·人间佛教的思想》

2

学佛以后，不但要知道自己的存在，更要知道除了我以外，还有别人；不只有别人，还有十法界众生；不光是知道现生几十年的岁月，更要知道时间的无限、生命的久远；不只知道亚洲、美洲、欧洲……这一个世界，甚至还要知道有十方无量无边的世界。我们要把心扩大起来，大得如虚空，包容天地。宇宙中的一切众生，是我心内众生，三千大千世界是我心内的世界。所以，觉悟的圣者，体会本心即众生，本心以外，没有众生，没有圣果。

——《人间佛教系列・学佛与求法・孰先孰后》

3

发心，就世间的观念来讲，叫作立志愿。有了志愿，无事不办；有了发心，无事不成。吃饭要发心，饭就能吃得饱、吃得香；睡觉要发心，觉就能睡得好；听课要发心，道理就能听得明白。学佛求法更要发心，不发心，会嫌路途遥远；不发心，会嫌佛门生活单调。能发心度众生，就是最富有的人。不要妄想别人的施舍，或乞求别人的赐予，要发心开采自己的能源，将我的智慧、我的能力、我的心香一瓣，贡献给大众。

——《人间佛教系列・学佛与求法・孰先孰后》

4

发心是武器，再加上慈悲和般若，就能对抗烦恼外魔，百战百胜。常常要问自己：信心有多少？道念有多深？是否经得起考验？对佛教、对常住是否忠贞不贰？

——《如是说》

5

平常心不是用口说说，而是在日常生活中养成的。何谓平常心？当吃饭时，把饭吃饱；当处事时，把事做好；当讲话时，把话讲好；待人恰如其分，凡事有分寸、尽责任，随缘随分，就是平常心。

——《星云日记》

6

佛法是用悟的、用体验的，没有体验的悟境，在学佛道上易退失信心。时时把忍耐、慈悲、守法、发心等佛法应用在日常生活中，必会有所体验。

——《星云日记》

7

古人说："君子之交淡如水。"学习佛法，也要从淡处着眼，也就是"平常心是道"。佛门里，一切都是淡淡的，看似无情，其实是大慈悲。若能把"淡"字运用在平常生活中，则奥妙无限。就如平淡中培养的友情，才能常存；生活中，若能将名利心淡去一分，道念必可增加一分；把感情减去一分，智能必能增长一分。

——《人间佛教系列·学佛与求法·从何处下手学法》

8

有的人说话，语不惊人死不休；有的人做事，不能惊天动地非丈夫。其实，说话，闲话家常更觉亲切；做事，能让大家认同就是圆满。修道，也要修大家都能做得到的“平常道”，这就是禅宗所谓的“平常心是道”。

——《星云法语·平常之道》

9

所谓“俗情淡一分，道念才能增长一分”。“天人交战”往往是学道者必经的心路历程，一个修道者的成功，就是以道念降伏俗念，以法爱战胜俗情。

——《人间佛教系列·佛光与教团·怎样做个佛光人》

10

一般人的祈祷，多以求福去祸为目的，将信仰的对象视为“有求必应”万能的神。但是对佛教徒而言，祈祷含有惭愧忏悔、发心立愿、感恩回向等积极意义。祈祷对心灵有净化的功能，是神圣纯洁的宗教礼仪，如清水能洗涤污垢，祈祷更可以发掘我们内心的能源，增加善业的力量，让我们心中有佛，转凡为圣。

——《佛光教科书·宗教概说·宗教祈祷的意义》

11

有徒众问我，如何与大众相处，如何立身处世。我说：“要待人好！”只要你待人好，人家就会待你好，这是不变的道理；想要人家怎么待你，自己先要怎么待人。现代人最大的毛病，就是要别人待我们好，但是自己却待人不好，这就是不明因果。

——《普门学报·佛教对“身心疾病”的看法》

12

有人质疑，为什么要常常拜忏？其实，这道理就如同昨天洗过澡了，为什么今天还要再洗；昨天已吃过饭了，为什么今天还要再吃。常常拜忏，可以增加法喜，净化我们的身、口、意三业。而拜忏的方式也有很多种：

（1）立功：如修桥、铺路、建寺、结缘，以将功折罪方法来忏悔。

（2）宣誓：如三皈、五戒、菩萨戒，有生生世世的受持力量。

（3）发露：在佛菩萨面前表白、忏摩[①]，可以灭罪，只在心中认错是不够的。

（4）礼敬：“礼佛一拜，福增无量；念佛一声，罪灭河沙[②]”。礼敬可以消灭业障，因为佛法在恭敬中求。

（5）发愿：愿力如大船，再大的石头（业障）放在船上，也可以渡过生死大海。

（6）回向：这是忏悔灭罪最讨巧的方法。

——《星云日记》

13

“为什么”，是具有启发性的。禅门的诘问：为什么你背着死尸到处行走？为什么你不能认识娘未生前的本来面目？为什么把那么

丰一吟 绘

星云语录

所谓『俗情淡一分，道念才能增长一分』。『天人交战』往往是学道者必经的心路历程，一个修道者的成功，就是以道念降伏俗念，以法爱战胜俗情。

重的石头背在心里？为什么要说生死事大？为什么你到今天才来？能问“为什么”的人，必然是有思想、有看法、有见解的人。

——《迷悟之间·为什么》

14

忍辱的力量，可以摧毁固若金汤的傲慢，可以消融坚如铠甲的蛮横。暴力只能挫人之口，不能服人之心，唯有忍耐、柔和，才能令人心悦诚服，衷心爱敬。

——《如是说》

15

“蛋未孵熟，不要妄自一啄；饭未煮熟，不要妄自一开。”我们求法要受得住气，忍得住苦，耐得住劳，这就是佛法“定”的功夫，如此，才能成大器。

——《如是说》

16

在世间，能觉悟到一粥一饭来之不易，一丝一缕物力维艰，那么对生活就有了悟道。能给人欢喜、给人幸福、给人帮助、凡事不贪求，就是悟道。觉悟不是别人给的，要自己觉悟。每天都有一点小悟，总有一天会大彻大悟。所谓的小悟就是“哦！原来是这样。哦！我懂了、我了解了。”记下每天的小悟，或惭愧、忏悔、感恩、情义、勤劳、忍耐有多少，每天做记录，记多了以后就能自觉。每天都有觉悟的心境及感受，才是真实的生命。

——《开示》

17

世间上，很多人因为无知、无明，所以痛苦烦恼，沉沦在生死轮回之中。因此，人要能自知，才能提升自己、扩大自己。尤其是修道人对自己每天道念上的增减，更应该要有所知，不能让心念空过。那么，如何审视自己的道念呢？

（1）每日接受十方信施有多少，相对地，自己回报予十方众生的，又有多少，能有所知吗？

（2）蒙受佛祖慈悲加持，得以安心修道，然而自身又给予众生多少慈悲，多少福慧，能有所知吗？

（3）每天诵经、拜佛、闻法、悟道有多少，教化众生有多少，给众生欢喜有多少，安定众生有多少，能有所知吗？

（4）每天的发心、惭愧、报恩、作务有多少，能有所知吗？

（5）每天习气改变多少，烦恼削减多少，学业进步多少，身心净化多少，悟性开展多少，能有所知吗？

——《星云日记》

18

人之所以不快乐，实因对于人、事、物、环境等因素不调和所致。有些人常会为别人的一句话、一个眼神、一个动作，闷闷不乐，甚至为此而不来道场礼佛。佛祖并没有对不起我们，为什么要迁怒？对自己法身慧命安住的道场如此情绪化，是多么不智。

——《星云日记》

19

主见太强的人，不容易接受他人的好意见。每天若在思想上、观念上，都能大死一番，对自我品德的增进，必定有所帮助。我执重者，佛法融化不了，当然“死”不了，自然就不会进步。对自己的恶习、自私、贪、瞋、愚、痴等，必须要千生万死，将不好的死尽，才能再生。

——《星云日记》

20

人生路上，自满是阻碍进步的最大因素，傲慢是破坏道业的最大敌人。根本解决之道，在于培养惭愧与苦恼的性格。常听别人说：“你不了解我。”其实真正最不了解自己的是自己。若非透过彻底地自我反省懂得惭愧与苦恼，就不易看清自己的缺点，当然就不能革除染污执着的习气。多年来的人事历练使我深深地感受到：一个人只要把“惭愧与苦恼”培养成为自己血肉的一部分，把“惭愧与苦恼”表现在行住坐卧、语默动静之中，必定能广结善缘、增长品德。时时惭愧自己的无知、惭愧自己的无德、惭愧自己的无能、惭愧自己的不足，因而具有苦恼的自谦，益己又益人，何乐而不为呢？

——《往事百语·老二哲学·要知道惭愧与苦恼》

21

人生的祸福成败，不必计较于一时，就算吃亏也无妨。因为凡事没有绝对，有时因祸得福，有时反而乐极生悲，我们应明因果，知进退。这世间任何人都有可能辜负我们，唯有因果绝不负人。

——《如是说》

22

我主张“人生三百岁”的思想，只要能尽情地发挥生命的潜能，这一生就如同阿弥陀佛一样，可以活到无量寿，散发无量光。回想我二十岁从佛教学院毕业之后，便将自己奉献给了社会大众，一生没有放过年假，也没有暑假、寒假，甚至星期假日比别人还要忙碌。从早到晚，没有休息，除了在殿堂教室讲说弘法外，即使在走路、下课的空当，在汽车、火车、飞机上，我都精进地办公、阅稿，几乎每天都在分秒必争、精打细算中度过。如果以一天能做五个人的工作来计算，到了八十岁，就有六十年的生命是在工作中度过，六十乘以五，不就是“人生三百岁”吗？

——《普门学报·佛教对“应用管理”的看法》

丰一吟　绘

星云语录

人生的祸福成败，不必计较于一时，就算吃亏也无妨。因为凡事没有绝对，有时因祸得福，有时反而乐极生悲，我们应明因果，知进退。这世间任何人都有可能辜负我们，唯有因果绝不负人。

23

经常有很多人羡慕我定力很够，其实我自知并非与生俱来，而是佛法带来的利益：

少年时出家学佛，我从排班、经行[3]、静坐、念佛里修习耐烦的定力。

青年时来到台湾，我在衣食缺乏、生活艰困中，增长坚毅的定力。

中年时法缘渐佳，我从接引信徒、谈话开示里，培养说话的定力。

老年时云游传教，我从乘坐十数小时的飞机，与信徒一次合拍数十张照片，应邀出席几个钟头的斋饭供养中，成就适应时空的定力。懂得将佛法运用在日常生活中，就有办法随缘自在。

——《往事百语·皆大欢喜·有佛法，就有办法》

24

有徒众对我说，他在工作上处处动辄得咎，心里很苦恼，想调职求去。我告诉他："这是因为你不懂得检查自己的心，所以不了解自己的问题，不了解自己的错误，当然也听不进他人的苦口婆心，更别提对佛法的理解了。"佛教常说"心中有佛"，可是我们心中的佛能够发挥作用吗？当心中的盗贼为非作歹时，我们能捉拿它吗？当心湖中的水肮脏不堪时，我们有办法净化它吗？当心中的贪、瞋、愚痴等魔军掠夺自心的法财时，我们有戒、定、智慧的武器来战胜它们吗？当心中的猿猴跃动不已时，我们有五根五力的绳索扣住它吗？所谓“身安则道隆”，自己的身心都无法安住，又何以度众？

——《往事百语·有情有义·检查自己的心》

25

二六时中[④]，不管身在任何地方，都能不住于一切相，在一切相上不生憎爱，也没有取舍；不念利益，也不念成败。每天把自己的身心安住在恬静、安闲、融和、淡泊里，这就叫一相三昧。

——《六祖坛经讲话·咐嘱品》

26

拒绝的艺术：

（1）不要立刻拒绝。（2）不要轻易拒绝。

（3）不要盛怒拒绝。（4）不要随便拒绝。

（5）不要无情拒绝。（6）不要傲慢拒绝。

（7）拒绝要能婉转。（8）拒绝要有笑容。

（9）拒绝要有代替。（10）拒绝要给人出路。

（11）拒绝要给人帮助。（12）拒绝要给人欢喜。

——《开示》

27

身心安住在哪里：

（1）安住在发心上。　　（2）安住在道念上。

（3）安住在学习上。　　（4）安住在体谅上。

——《佛光山徒众手册》

28

在道业上要做到：

（1）从忍辱中去除无明[5]。　　（2）从作务中培养福报。

（3）从修福中增长智能。　　（4）从感恩中获得快乐。

——《佛光山徒众手册》

29

如何自悟修行：

（1）要自我观照，反求诸己。

（2）要自我更新，不断净化。

（3）要自我实践，不假外求。

（4）要自我离相，不计胜负。

——《佛光山徒众手册》

30

如何自我勉励：

（1）从忍耐中增加力量。　　（2）从明理中随顺因缘。

（3）从发心中庄严自己。　　（4）从沟通中融洽和谐。

（5）从满足中感恩说好。（6）从参与中奉献身心。
（7）从和合中集体创作。（8）从认同中自我享有。
（9）从谦和中友爱尊重。（10）从学习中进取奋发。
（11）从威仪中端庄礼敬。（12）从信仰中发掘自我。

——《佛光山徒众手册》

【注释】

① 忏摩：指在佛菩萨像前忏悔，至心发露自己今日或以往的过错，誓不再犯之意。忏是梵语“忏摩”的略称，与中文“悔过”的前一字合并，就叫忏悔。意思是请求容忍我悔罪，让我有改过向善的机会，并祈求谅恕。

② 河沙：指恒河沙数，譬喻数目极多。经中凡形容无法计算之数，多以“恒河沙”一词为喻。

③ 经行：指在一定的场所中往复回旋行走。通常在食后、疲倦时，或坐禅昏沉瞌睡时，即起而经行，为一种调剂身心之安静散步法。

④ 二六时中：指一昼夜，十二个时辰。

⑤ 无明：为烦恼之别称，即暗昧于事物，不能通达真理、不能明白理解事相或道理之精神状态。

责己要严，待人要宽

1

佛教不是人死后的寄托，净土也不是死后才能往生的。人间佛教重视的是现世的生活，所以一切的行善、修持、修福，在现生就可以得到回报，幸福与安乐在当生便可以成就。因此，在人间佛教的现世净土里，没有是非，没有互相残害，彼此唯有尊重谅解，人间就是极乐净土。

——《开示》

2

佛教不能舍弃人间，要与人间的生活融合在一起，将世间化为净土。当今社会需要的是不舍一法的佛光净土。佛光净土的特点为：

（1）出世与入世调和。　（2）寺院与社会调和。

（3）僧众与信众调和。　（4）静态与动态调和。

（5）生活与生死调和。　（6）自修与利他调和。

——《星云日记》

3

出世，不是要我们远离世间，而是对世间的一切，不贪不求，不计较执着。出家，不仅要有出世的性格，更要有大众的性格、社会的性格，才能把佛法带进迷昧的人间。释迦牟尼佛成道以后，因不忍众生苦，而到处说法，把菩提清净的欢喜散播给大众；不求独乐乐，但求众乐乐，这就是以出世的思想，做入世的事业，也就是大众化、社会化的出世性格。

——《人间佛教系列·佛教与青年·青年僧伽的十有思想》

4

我们对于世间好的、善美的，都能欢喜接纳，可是对于不善美的，我们也要能包容。就如当手上长了一个脓疮，流脓恶臭，我们会因此而把手砍断吗？当然不会，因为那是自己的手，所以即使再怎么恶臭难看，也会把它仔细洗净、敷药与包扎。因此，对于不健全、不善的人，只要能以诚心去感化，最后他们还是会有所改变的。以包容心看待一切，一切就在我们心中，那么，世界就会是我们心里的世界，众生就会是我们心里的众生。既然是我们心里的东西，自然就要美化它、净化它，以包容心使它变得美好。

——《开示》

5

慈悲是我们的天堂净土，智慧是我们的天堂净土，勤劳是我们的天堂净土，忍耐是我们的天堂净土，我们要发心建设人间天堂，成就人间净土。

——《人间佛教系列·人生与社会·从天堂到地狱》

6

一个国家如果能做到国富民安、繁荣进步，这个国家就是一方净土；一个小区如果能做到守望相助、彼此关怀，这个小区就是一方净土；一个家庭如果能做到父慈子孝、兄友弟恭，这个家庭就是一方净土；一个人如果能做到慈悲为怀，人我平等，这个人的内心就是一方净土。

——《开示》

7

我们要有一个目标，追求往生净土。但净土有多种，为什么我们不能把人间创造成安和乐利的净土，而要寄托在未来的净土上呢？何不落实于现实国土身心的净化，追求当下的净土？

——《佛教丛书·人间佛教·人间佛教的基本思想》

8

人间最重要的，就是让现在的生活过得更好，舍弃人间的生活，哪里还有佛道可求呢？舍弃现代的说理，哪里能使人心悦诚服呢？

——《往事百语·永不退票·未来比现在更好》

9

孔子曾说：“未知生，焉知死？”死后的世界遥不可及，何不把握当下，将理想落实在现实生活中，做自己的主人翁？念佛法门虽好，但仍须认清：往生西方并非学佛之终极目标。

——《星云日记》

10

孔子的弟子颜回“一箪食，一瓢饮，在陋巷。人不堪其忧，回也不改其乐。”为什么生活那么艰困，他还是那么快乐？因为他的心里有人文素养。现在经济萧条，到哪里去找能源？不论太阳能或石油，总是有尽的能源，但是真正用之不竭的能源是我们的心。假如我们的心能跟人文素养结合，发展出来的财富，发展出来的观念，发展出来的乐趣，则是无穷无尽的。

——《开示》

11

今天有很多佛教徒都希望往生极乐世界，我想，不如更积极地把今天的世界转变为佛国净土：

（1）没有三恶道，更无冤和亲。

（2）世界满欢乐，忧烦一切除。

（3）心净国土净，大同世界现。

——《佛教丛书·人间佛教·如何建设人间佛教》

12

常听人慨叹说：“人间没有一块净土，人间到处充满了险恶、纷争、不平，就像三恶道一样！”其实，我们现在所居住的人间，如果安和乐利，民丰物阜，人人和善，彼此尊重，不就是人间净土吗？

——《六祖坛经讲话·决疑品》

13

我觉得人间未必是秽土，净土也不一定是死后才能往生。只要有心，我们在现世也可以建设一方净土，让有志之士都能在这里长养身心，同享法乐。因此，我兴设美轮美奂的殿堂楼阁、花树庭园，接引信徒香客、十方大众；我建立优雅舒适的朝山会馆、檀信大楼，提供素斋妙味、休憩处所；我用种种方便，宣扬佛教；我殚精竭虑，弘传真理；凡有活动，我邀请夫妻联袂出席；举行法会，我鼓励全家一齐参加。从育幼院的孤儿到救济院的老人，从佛光诊所到云水医院，从托儿所到万寿园，从技艺训练到禅净共修，我为解除生老病死之苦，而兴办各种慈善事业。

——《往事百语·老二哲学·重新估定价值》

14

只要我们能在现世里建设一个人际和谐、尊重，生活富足、安乐的社会，当下就是人间净土的实现。

——《开示》

15

我们若能心地清净、思想纯真，把心回归到大自然，像虚空一样广大，像松树一样万年长青，像竹子一样坚韧不拔，就能与佛道、真理契合在一起，幸福的日子就可以和我们永远同在，那就是人间净土。

——《星云说偈》

16

日常生活中，不违不犯，不比较人我得失，不计较是非利害，心意和悦，当下即是净土。

——《佛光教科书·佛法僧三宝·六和敬》

17

上天堂有上天堂的路，入地狱也自有其道，各行各业应该要各自尽忠职守，不要做人间的罪人，被摒拒于天堂的门外。此时此刻，我们急需完成的是人间天堂、人间净土，人人誓愿做个顶天立地的人，人人心中都能成就一片庄严的净土。

——《开示》

18

在这世间，没有怨恨，没有不平，凡事都是当然。禅师大德在开悟以后，往往发现“平常心是道”，让我们以平常心来对待一切，多尊重别人，随喜随缘，包容一切，转娑婆为净土，转烦恼为菩提。

——《星云日记》

19

佛教不但重视私有财富，尤重共有财富，如道路、公园、河川等公共设施，以及花草树木、日月星辰、天地万物的生态维护，并且主张以享有代替拥有、以智慧代替金钱、以满足代替贪欲、以法欲代替物欲，发挥普世的观念，建设共有的胸怀，这就是人间净土的建立。

——《佛光教科书·实用佛教·佛教对经济的看法》

20

器皿装了臭掉、腐烂的东西，要彻底更新、洗净，我们人也要彻底更新，好比换掉闭塞的脑成为全知的脑，把误解换成善听，把旧思维换成新思维，清掉坏思想，逆向思考。过去种种譬如昨日死，现在种种譬如今日生，我们要不断地更新。就如生理上天天都在新生，我们的法身慧命也要新生，悟道就是新生。我们要以新的思维来迎接这个社会，要有新的思想、新的精神、新的做法，才能应付世间新的生活。

——《开示》

李萧锟　绘

星云语录

过去种种譬如昨日死，现在种种譬如今日生，我们要不断地更新。就如生理上天天都在新生，我们的法身慧命也要新生，悟道就是新生。我们要以新的思维来迎接这个社会，要有新的思想、新的精神、新的做法，才能应付世间新的生活。

21

久居国外的华人，面对往生的问题，都会想落叶归根。现代的人不应该有种族的分别、乡土的观念，要能随遇而安、随喜而作、随缘生活，做个地球人。不管走到哪里，都能看成那就是自己的家，则世界便是自己的；如果有隔阂的客居感，自然没有一样东西是自己的。我海内外四处弘法数十年，一直都很欢喜，因为世界都是我的家，地球的每个角落都是我的故乡。人往生时，只要以一种尊敬的心情来奉安即可，不一定要埋在故乡，在国外客居多年，要有当地就是自己家的观念。

——《星云日记》

22

人间净土的条件：

（1）要有美好的环境：道路如极乐世界一样的平坦，房屋建筑、树木花草像极乐净土一样的整齐。环境非常干净，公共设施非常便利，社会中只有公益，没有公害；只有美好，没有脏乱。

（2）要有安全的居所：所居之处，没有坏人的侵犯迫害，没有台风、洪水、地震等天灾。家庭四周都是公园、学校、图书馆、文化中心等。邻居都是有道德的善友，外出旅行方便而自由，看到的都是慈祥的面孔，听到的都是美好的声音。

（3）要有善良的亲友：亲戚朋友都是正直高尚人士，不以金钱相结合，不以酒肉享乐相交往。大家以论道做朋友，以知识来做朋友，以修行来做朋友，以服务、喜舍、布施来做朋友，仿佛极乐世界一样，都是善人相聚。

（4）要有自由的生活：在家庭或社会上，无论身处何处，都不会有危险、有迫害；政治上，人人有自由参与的权利；商业上，人人都可以自由地经营；活动上，大家都可以自由地参加正当的娱乐。人人享有自由，并且尊重、不侵犯他人的自由。

（5）要有净化的感情：人又称“有情”众生，人的生存从情爱而来，少不了感情生活，可是感情最容易被污染，像盲人骑瞎马一样危险。人间净土里，人人以智慧来净化感情，以慈悲来引导感情。

——《人间佛教系列・禅学与净土・净土思想与现代生活（一）》

23

男女没有定相，时间没有定准，大小没有定型，妄心没有定念，世间一切都是相对的差别，必须要契入真心，净土才能现前。此一净土，就是一种关怀人间、注重利他济世的精神。

——《佛光教科书・菩萨行证・维摩经与维摩》

24

现世的人间净土应该具备哪些基本条件呢？

（1）没有杀戮。也就是没有无故的杀害。

（2）没有窃盗。不但我的生命不受他人的侵犯，我的财富也不会有人窃取。

（3）没有邪淫。我的身体、我的名节，不受他人的侮辱破坏。

（4）没有毁谤。我的名誉，没有人随便毁谤诬蔑；人与人之间，没有诈欺，彼此真诚，相互尊重。

——《人间佛教系列·禅学与净土·净土思想与现代生活（一）》

25

情绪如何管理？用礼拜折服傲慢，用念佛降伏妄心，用行善对治贪欲，用包容对治瞋恨，如此就能建立当下的净土。

——《星云日记》

26

情绪正常、欢喜自在、发大悲心、忍耐为道、不念旧恶、断除烦恼、不退道心、担当责任、忏悔立愿、救苦救难、日行一善、做众生不请之友等，都是人间净土修行的法门。

——《佛光教科书·实用佛教·佛教徒的一日行》

27

假如我们的社会里，人人都能受持“五戒”，大家相互尊重，没有人会侵犯我们的身体，没有人会侵占我们的财产，没有人会毁谤我们的名誉，也没有人会侵犯我们的自由，这不就是人间净土的实现吗？

——《人间佛教系列·禅学与净土·净土思想与现代生活（一）》

28

现在的社会正需要大力提倡美化工作，除了美化环境、美化容貌之外，更要美化人群、美化社会，尤其要美化自己、美化人生、美化心灵。假如人人都能拥有一颗至真至纯的赤子之心，随时布施善意真情；假如人人都能具备一颗平等包容的佛心，时时施与慈悲喜舍，那么天堂、净土便无处不在了。

——《人间佛教系列·人生与社会·从天堂到地狱》

29

世间上一般人都希望“我好你不好”，只知追求自己的快乐，置他人的痛苦于不顾，所以纷争不断。如果我们能秉持另一种观念，“你好他也好”，不好的让我来承担。譬如，我们经常在人前承认自己的错误，并且改进自己的态度，凡事过错在我，那么种种纷争就能消弭于无形，当下就是生活在净土里。

——《人间佛教系列·禅学与净土·净土思想与现代生活（三）》

30

当今社会的乱象，其内在因素为人格教育的不健全，外在因素乃社会发展太快，传播媒体的隐善扬恶，助长了社会乱象及伦理道德的沦丧。若欲发挥宗教稳定社会的力量，就必须：

（1）提倡宗教戒律的生活。

（2）宣扬因果报应的观念。

（3）发挥慈悲喜舍的美德。

（4）修持忍辱勤俭的力量。

——《星云日记》

31

每一个人面上常常微笑便是供养，口中常说好话便出妙香，多做一些事情，多走几步路，多对人点个头，多把自己的所有奉献给人。如果社会上人人都能贡献己力，那就是佛国净土了。

——《佛教丛书·人间佛教·如何建设人间佛教》

32

如果人人都有道德的伦理观念、都有宗教的高尚情操，这个社会就可以消除罪恶，路不拾遗、夜不闭户的大同世界也就指日可待。有了德化的宗教生活，君子不欺暗室，佛子不昧自心，人人都能修福、修慧、修德，个个能禅、能净、能律，心不起邪念，天堂净土就在眼前。

——《如是说》

33

如果我们能活得不计较，人和人之间，也能够不比较，自然就能拥有一个平等、安然的世界。

——《星云说偈》

34

在日常生活中，我们要将不好的声音听成好的声音，不好的话听成好话；在学习过程中，养成善听、谛听的良好习惯。

——《星云日记》

35

我们的一言一行具有互动的作用，所以唯有大家互道好话，互助互利，才能拥有一片光光相摄的人间净土。

——《往事百语·皆大欢喜·语言要像阳光、花朵、净水》

36

今后我们的努力方向，除了要把生存的国家，庄严成为人间天堂、人间净土之外，更要进一步将内心也净化成人间天堂、人间净土，从内心展现净土的清凉，让人间充满净土的极乐。

——《人间佛教系列·人生与社会·从天堂到地狱》

37

人人能发光发热，是一盏能照耀的明灯；人人心中有一方净土，能够长养净莲；人人做一个好义工，开发内心的能源。将自己化为人间的一股暖流，为人们带来温馨和乐，为国家带来光明安泰。

——《人间佛教系列·佛光与教团·怎样发展佛光会》

38

未来的世界，如果大家守道德、讲仁义、重因果、能结缘、有慈悲，社会一定会慢慢进步到和极乐世界一样，要什么就有什么，一点儿都不缺乏。

——《人间佛教系列·缘起与还灭·从佛教的观点看未来的世界》

39

我们不要轻易因为环境的转变，而令心不能安住。花开花谢不强求，要随缘，春夏秋冬四时更替，随其变迁不执着。将心安住在慈悲、满足、信念上，自然不会因外境的转变而不能安住。

——《星云日记》

40

身居山林，心如闹市，还是不得安住的。唯有无住生心，随缘自在，才能过着充实法喜的日子。

——《星云日记》

41

我们信仰佛教，就要有如同佛一样的心量。佛的世界，是三千大千世界，是整个法界；佛说的时间，不是今年、明年，是无量阿僧祇劫；佛所说的人，不是只有我们中国人或外国人，是除了“人”以外，还有一切众生，所谓“胎生、湿生、化生、卵生”，有色、无色，有想、无想，三界之内，四生九有，所有无量无数的众生。我们要把心胸扩大，将世界视为我们心内的世界，将众生视为我们心内的众生，一切的宇宙万有，都是我们唯心所现、唯识所变。个人虽然渺小，但是我们的真如佛性、我们的心，可以包容整个虚空，包容整个世界。

——《如是说》

42

一件事是世俗的行业，还是佛法的净行，完全要看心的一念是牛屎还是莲花?

——《星云日记》

43

凡事只要在心甘情愿下，工作起来不但不觉得累，反而会很快乐，因忙中无是非、忙中无烦恼，忙的定义是快乐。

——《星云日记》

44

忙，像锐利无比的慧剑，斩断妄想葛藤；忙，像点石成金的手指，化腐朽为神奇。修道者，要用忙来开启本具的潜能，用忙来发掘本有的宝藏，而不是忙人我、忙烦恼、忙名利、忙逃避。

——《对禅堂禅学僧开示》

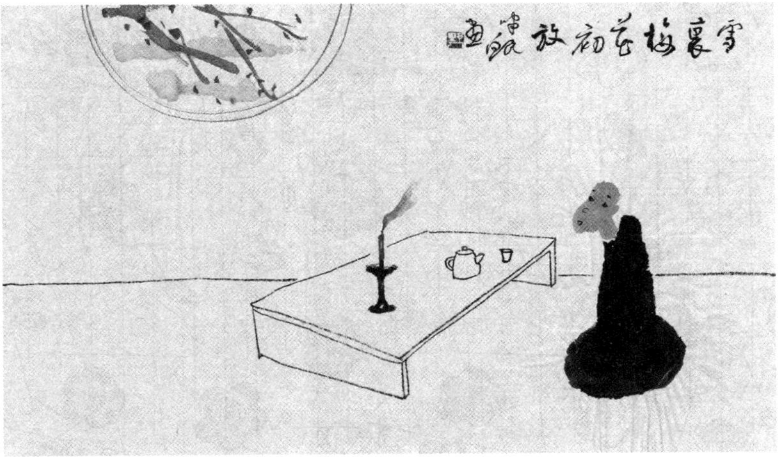

李萧锟　绘

星云语录

我们不要轻易因为环境的转变，而令心不能安住。花开花谢不强求，要随缘，春夏秋冬四时更替，随其变迁不执着。将心安住在慈悲、满足、信念上，自然不会因外境的转变而不能安住。

45

世间上，有一些人饱食终日，无所用心，越是清闲疏懒，越是精神萎靡，暮气沉沉；但也有的人每日东奔西跑，忙碌不堪，却越忙越有活力，越忙越是精神焕发，生机盎然。可见人生以服务为目的，忙碌劳动，更是身心最滋养的肥料。古代禅门百丈禅师的“一日不作，一日不食”，临济禅师的“栽种松树”，道元禅师的“晒香菇”，不但是修行，其实也是最佳的养生之道。

——《迷悟之间·增加营养》

46

过去，佛教常常给人一种消极、悲观、厌世的错觉，而深山苦修，也导致佛教积弱不振。佛陀虽然慈悲教诫世间是苦、空、无常，但他同时也指示对法乐喜悦的追求。因此，现世悲苦的实相，不足以代表佛教，佛教的真相是禅悦与法喜。佛教有慈悲喜舍的内容，有利乐人间的圣道，有极乐净土、琉璃世界的美妙悦乐。

——《当代人心思潮·欢喜与融和》

47

佛陀八十岁时脊背疼痛，仍在各地行脚度生，弟子们请他休息，甚至还怀疑，佛陀为什么会生病呢？佛陀回答说：“就如老旧的车子坏了，即使再怎么修理保养，也无法永久。天地万物，有生就有灭，谁也逃不了这个定律。人间心物和合的身体是有为法，有为法是无常的，这是真理，我佛陀的应身能违背真理吗？”佛陀的法音，是千古不变的真理名言，一个人真能体会“世间无常”，必定会有快乐的人生。因为“无常”，世事变幻，所以，人生不是定型的。生会灭，灭会生，除非超越世间，不然都会在生灭中流转。

——《星云日记》

48

有人问说，在家好还是出家好？六祖大师说：你在家，心里清净，奉行正道，家庭就是寺庙，就是佛堂；你如果不持戒、不修定，就算是出家到了寺庙，也无法让你上升天堂。所以就六祖大师的思想而言，出家与在家是一样的。

基本上，出家住在寺院里，是非少、烦恼少，生活比较单纯，不过修道时间增长，成道不一定比在家快。释迦牟尼佛为什么不在天上成佛，而要到娑婆世界来呢？就是因为娑婆世界苦难比较多，比较容易成佛。所以真正精进的修道人，在修行路上要降魔，不降魔不能成道，埋伏在生活四周的声色名利都是魔，内心的贪、瞋、烦恼也是魔。内外交攻，在多重的压力及烦恼魔军的压制下，还能够有一念灵明觉悟的心，这是很了不起的事情。学佛有因缘，出家固然很好，在家也不要自卑，污泥里正可以生莲花。

——《星云日记》

49

有人问我：“为什么要把寺院道场建得那么多、那么大呢？世间的贫困这么多，为什么不拿建寺的钱去济贫呢？”乍听之下，似乎言之成理，其实不然。因为布施再多的金银财宝，兴办再多的慈善事业，也只能拯救肉身性命，济人燃眉之急，无法消灭心里的贪、瞋、愚痴，拔除众生的根本业障。佛法的布施，能更进一步地净化心灵，孕育法身慧命，使人断除烦恼，了生脱死，其影响力及于生生世世。所以，建造多功能的佛寺，度化千万种众生，才是最彻底的慈悲！

——《往事百语·有情有义·慈悲》

50

以忍耐化解暴戾之气，以慈悲美化社会人心，

以智慧增加人间色彩，以和平创造大众福祉。

——《人间佛教系列·人生与生活·佛教的女性观》

51

如何解决人我的问题？

一修人我不计较。　　二修彼此不比较。

三修处事有礼貌。　　四修见人要微笑。

五修吃亏不要紧。　　六修待人要厚道。

七修心内无烦恼。　　八修口中都说好。

九修所交皆君子。　　十修大家成佛道。

若是人人能十修，佛国净土乐逍遥。

——《星云日记》

52

道德的钥匙，可以开启苦牢之门，到达快乐的天堂；

慈悲的钥匙，可以开启瞋牢之门，到达无争的领域；

智慧的钥匙，可以开启暗牢之门，到达光明的净土；

信仰的钥匙，可以开启心牢之门，到达完美的境界。

——《迷悟之间·心的牢狱》

53

愿为李树长满李，常使人间添欢喜；

愿在心田植慈心，能给社会增清净。

——《佛光菜根谭》

54

建设人间净土的方法：

在瞋恨之处，散播慈悲的种子；

在仇视之处，施与宽恕的谅解；

在怀疑之处，培养信心的力量；

在黑暗之处，点燃般若的火花；

在失意之处，提出未来的希望；

在忧伤之处，赠予喜乐的安慰。

——《佛光菜根谭》

55

幸福知足如点金石，可使接触的东西变财富；

快乐感恩如仙女棒，可使所处的境界变净土。

——《佛光菜根谭》

56

人世间，没有一个不如自己的人；

宇宙间，没有一处不能成为净土。

——《佛光菜根谭》

57

欢喜是财富，惭愧是宝冠，

直心是道场，坦诚是净土。

——《佛光菜根谭》

58

针对世界和平，我提出四点意见：

（1）宗教不要排他，尊重才能创造和平。

（2）教派不要对立，对外才能发挥力量。

（3）彼此不要执着，无我才能共创和谐。

（4）人我不要对立，慈悲才能创造和平。

——《开示》

59

生命的解脱是：

（1）没有忧悲苦恼的情绪。

（2）没有有无得失的念头。

（3）没有拘束障碍的困难。

（4）没有生老病死的感受。

——《如是说》

60

无是无非，人间好会；

有贪有瞋，荆棘满布。

——《佛光菜根谭》

61

责己要严，待人要宽；

邻里和睦，处处净土。

——《佛光菜根谭》

吃亏就是占便宜

1

在我一生的弘法道上，不知道什么是灰心、什么是疲倦。如果在修道上轻易被上当、挫折、失望、难堪等打倒，那怎能算修行？我的个性，不自负、不好胜，以众为尊，以大家的意见为意见，不会以自己为重。

——《星云日记》

2

与人相处只问自己如何待人，不问他人如何待我。人之烦恼不快乐，皆因与人争老大，如果肯自退做老二，则会有另一个宽广空间。

——《星云日记》

3

我自号“星云”，只想自我勉励做星云团里的一颗小星星，以一己微弱的光芒和其他星光互相辉映，光照寰宇。如今佛光遍照五大洲，当年的心愿已逐渐成就，印证了发心行道自能聚合善缘，其果报是不可思议的。最怕的是自己说食数宝，不肯耐烦吃苦，连一点亮光都吝于付出，也不愿屈居做老二，谁会服气你做老大呢？

——《往事百语·老二哲学·老二哲学》

4

我常教导弟子们，不要怕吃亏，多承当、多担待，这正好可以考验我们的信心、我们的慈悲、我们的道念、我们的能力。

所以，我虽然年逾古稀，无论做什么事情，仍然一马当先，甚至还做“不请之友”，指示徒众安排我多教一点课，让我多做一点事。我始终认为，一个人的辛苦，只要换来大家的欢喜，何“吃亏”之有呢？

——《往事百语·老二哲学·学佛要学吃亏》

5

我用人向来不挑选人才，都是就近任用，因为远水救不了近火，也就是说，任何人才，我都会懂得运用他的长处。

——《星云日记》

6

在佛门里，结缘很要紧。有的人做事顺利无碍，处处受人欢迎，这都是从结缘而来的。

——《开示》

7

人生是由许多经验累积而成，所以跨出第一步时，“敢”很重要。只要敢负责任、敢担当、敢接受、敢尝试，天下没有不能完成的事。一个人在学习过程中，不要怕没有人重视、没有机会发挥，要担心的是，自己是否已有足够的能力承担。

——《如是说》

8

对于自己欢喜的事，不一定要做；但对于不欢喜，却对别人有利的事，一定要去完成。

——《星云日记》

9

有一些人自以为才能出众，别人都一无是处，因而固执己见，动辄无明，结果不但无法与人合作，也不能成事。

这些年来，我细细观察的结果，发现自以为无用的人，往往因为心灵开阔，而用处无穷；自以为有用的人，反而因为事事执着，而用处有限。

——《往事百语·一半一半·无用与无明》

10

对于劳务，要建立“工作是修行”的观念。百丈禅师云：“一日不作，一日不食”，提倡作务，自古已然。举凡扫地、煮饭、搬柴、运水、洗厕、捡菜……无一不是修行。从卑贱工作中，能折服慢心、惰性，培养出慈悲、热忱的菩提心。

——《开示》

11

人总是喜欢计较“你多我少”或“我多你少”，彼此相争不下。其实，所谓的多少，不是在数量上能绝对计算得清楚的，必须以道德、心量和人情义理来衡量，才能有圆满的解决。

——《迷悟之间·多少不计较》

12

真正能干的人，其形象是随和、谦虚、体贴、迁就、忍耐、不易怒、没有气势、能让人皆大欢喜者。相处之道贵在和气、尊重、明理、包容。

——《开示》

13

一项工作的完成或事业的成就，并非一蹴而就。就如我提出一个意见或理想，也是经过多次的奋斗、考验，锲而不舍地在时间的磨炼下才得以完成。凡事不做则已，既然做了，就要全力以赴，不可取巧、草率，应付了事，希望每一个佛光山的弟子也能有这样的处事态度。

——《如是说》

14

成功的人，凡事想办法；没有用的人，凡事讲理由。所以，无论做任何事，都要想办法，不要讲理由。

——《如是说》

15

要把握时光，常怀“为人间留下历史，为大众留下功劳”之心，心中念念关怀三千世界，起心动念里，都有四弘誓愿、四无量心及无量无边的众生。

——《开示》

16

如何自我规划未来？我的建议是：

（1）第一个十年（三十岁至四十岁）：

以学习为主，多订些功课，如学院研读、访师问道、阅藏看经、书报杂志、论文杂感、学习语言、各种技能、阅史读传、抄经练字、日记心得、读书笔记、自课修行、订立计划、随缘服务、经常禁语、

李萧锟 绘

星云语录

真正能干的人，其形象是随和、谦虚、体贴、迁就、忍耐、不易怒、没有气势、能让人皆大欢喜者。相处之道贵在和气、尊重、明理、包容。

闭关不断、揣摩应对、每日密行、演习讲经、真俗圆融……

（2）第二个十年（四十岁至五十岁）：

以弘法讲经、利生服务为主，并主持道场，创兴事业；能领导人，也能被领导，能自创业也能助人创业。

（3）第三个十年（五十岁至六十岁）：

德高望重，功在佛教。此时可随众、安分、精勤、助道、应聘、传道、安僧……

（4）第四个十年（六十岁后）：

闭关、住山、课徒、弘法、云游、随缘、度众……

——《星云日记》

17

要惭愧自己所学有限、能力不足、心地不净、善念薄弱。经常惭愧自己无能，所以，要发心增强自己的能力，以便更能担当、更能负责。发心的力量很微妙，只要一发心，所做的事情，质量就不一样了。

——《开示》

18

上等的出家人，经得起锤炼；中等的出家人，经得起训练；下等的出家人，只能接受好话的赞美。

——《开示》

19

宁可没有学问知识，也不能没有道心威仪；宁可做一个庸庸碌碌的出家人，也不做一个有害佛教的聪明人，切忌重巧辩而不重实修。

——《如是说》

20

一生中，人要有一次至两次，将自己所拥有的东西，全送给别人的经验。

——《开示》

21

融和，是一种容人的雅量，一种平等的相待，一种尊重的言行。

——《当代人心思潮·欢喜与融和》

22

一个人的心量有多大，成就便有多大；愿力有多坚，力量就有多强。

——《佛光山徒众手册》

23

有人曲解了“一师一道”的观念，认为这是约束信徒的教条。

其实，“一师一道”并非现代才有，是佛教自古以来就提倡的。所谓的“一师”，指的就是佛教的教主——本师释迦牟尼佛；所谓的“一道”，指的是佛道——佛陀的教义。所以，“一师一道”，就是说正信的三宝弟子，应该一心一意奉行佛道，而不皈依外道天魔。“一师一道”的思想，有助于教内团结，其思想非佛教所独有，基督教及伊斯兰教也同样主张“一师一道”。

——《星云日记》

24

所谓“一师一道”，不是指所有的人，都来皈依佛光山，而是既然已经拜师，就不要到处再去拜师。所以，相信禅宗者，就成为禅宗的弟子；相信净土，就成为净土的弟子；相信人间佛教，就成为人间佛教的拥护者，这就是“一师一道”。

——《如是说》

25

信徒分四等：

（1）一师一道，行解并重。

（2）一师多道，行解随缘。

（3）多师多道，无行无解。

（4）无师无道，邪知邪见。

——《星云日记》

26

一师一道："一师"能使我们不迷惑，"一道"能使我们不混杂。也就是说，以佛为师，以戒为师，以三宝为师。

——《如是说》

27

如何过修道生活：

（1）朴素：朴素的生活可以培养修道者无欲、无求、无贪、无执的性格。

（2）简单：衣食住行越简单越好，"衣单二斤半[①]，头陀十八物[②]"的生活方式最为可取。

（3）忍耐：耐力不够者，不像个修道人，在团体中成大器者，都是从忍耐而来。

（4）安静：不管吃饭、课诵、打坐、出坡，都要将生活安住在无声的世界中，享受一份宁静。

（5）自省：懂得自省就不会要求别人，内省的功夫对个人敬德修业有很大功用。

（6）发心：发心用功、服务、吃饭、做事、礼佛……"心"是道之根，"我有心"是学佛唯一的本钱。

（7）随缘：凡事不比较、不计较，随缘随众，自然能随缘度日。

（8）苦行：典座[③]、行堂[④]、香灯[⑤]、饭头[⑥]、菜头[⑦]……任何一

李萧锟　绘

星云语录

不管吃饭、课诵、打坐、出坡，都要将生活安住在无声的世界中，享受一份宁静。

种行单，都可以激励我们精进。

（9）阅藏：每天与经典同在，看经阅藏，增加智慧。

（10）规律：生活起居一切作息，皆依钟板号令而行。

——《佛光山徒众手册》

28

僧伽的十有思想：

（1）有宇宙之心。　（2）有度众之慈。

（3）有弘法之勇。　（4）有修道之恒。

（5）有正觉之慧。　（6）有出世之性。

（7）有护教之忱。　（8）有容人之量。

（9）有忍辱之力。　（10）有菩提之愿。

——《人间佛教系列・佛教与青年・青年僧伽的十有思想》

29

僧伽的十无思想：

（1）无财之富。　（2）无求之有。

（3）无情之慈。　（4）无欲之乐。

（5）无住之家。　（6）无安之处。

（7）无人之众。　（8）无悔之心。

（9）无聪之慧。　（10）无功之事。

——《人间佛教系列・佛教与青年・青年僧伽的十无思想》

【注释】

① 衣单二斤半：指学道者生活朴素淡泊，所拥有的衣物合计不超过二斤半重。

② 头陀十八物：指游方僧侣随身携带的十八件物品，分别是杨柳枝、澡豆、水瓶、坐具、锡杖、香炉、奁、滤水囊、手巾、刀子、火燧、镊子、绳床、经律、佛像、菩萨像等。

③ 典座：禅林中负责大众斋粥之职称。虽系料理饮食之杂役，然自古该职即极受重视，通常推举志行高洁之僧人任之，因该项工作犹如一种办道修持，若以无道心者任之，只是徒劳辛苦而无益。

④ 行堂：佛教丛林中，每日用斋时，为大众添饭菜、装茶水之劳务。

⑤ 香灯：谓焚香与燃灯。后世寺庙中，掌管佛堂之焚香、燃灯等工作者，亦称香灯。

⑥ 饭头：禅林典座之下，设有掌理大众粥斋之僧，也就是负责煮饭的人。举凡酌量僧众的人数、检看米谷的精粗、分别米浆的清浊、顾虑柴薪的有无，乃至炊具的洗涤等，皆在职役范围之内。

⑦ 菜头：禅林典座之下，设有管领菜蔬之僧，也就是煮菜的人。职司拣舍枯叶、蚀叶及挑出菜虫等（误煮菜虫，是造杀业）。

爱人如爱己

1

所谓“孝”，是爱心的表现。孝是对国家、亲人一种至真感情的流露，孝是人我之间应有的一份责任，孝是人伦之际的一种密切关系。孝维持了长幼有序，是父母子女世代相承的美德。孝是对生命的挚诚感谢，更是无悔无怨的回馈报恩。一般说来，为自己所爱是小孝，为家族亲人所爱是中孝，为国家民族所爱是大孝。

——《人间佛教系列·人生与社会·佛教的道德观》

2

在生儿育女方面，佛教认为眷属都是有缘来相聚。身为父母者，平时就要有健康的心理及端正的行为，尤其在母亲怀孕后，更要培养善因良缘。因此，父母于平素礼佛诵经、听经闻法、乐善好施、长养慈悲善根，具足清净福慧的身心，将来子女出生，其肉体与精神必能受到父母良好性格遗传的影响，这就是最好的胎教。

——《佛光教科书·佛教与世学·佛教与礼俗规范》

3

佛教认为孝可分为三个层次：一般的甘旨奉养，使父母免于饥寒，只是小孝；功成名就，光宗耀祖，使父母光彩愉悦，是为中孝；引导父母趋向正信，远离烦恼恶道，了生脱死，使宗亲得度，永断三途轮转之苦，才是上上大孝。

——《人间佛教系列·人生与社会·佛教的道德观》

4

忠是信仰，是追随，是学习；孝是恭敬，是爱护，是孝养。谈到孝顺，一般人以为只要对自己的父母克尽奉养，就是孝顺了。事实上，乌鸟禽畜尚且知道反哺，奉养父母只是孝顺最基本的一环，除了对父母尽孝之外，更要扩而充之，对宗族尽孝，甚至进一步扩大为对整个民族尽孝，对一切众生尽孝。

——《普门学报·人间佛教的蓝图》

5

佛教并不排斥感情，但主张以慈悲来运作感情，以理智来净化感情，以礼法来规范感情，以般若来化导感情。佛教鼓励夫妻之间要相亲相爱，亲子之间要互敬互谅，朋友之间要相互惜缘，进而做到“无缘大慈，同体大悲”，亦即将一己的私爱，升华为对一切众生的慈悲。

——《普门学报·人间佛教的蓝图》

6

人间佛教，讲究的是生活要过得幸福，夫妻要相亲相爱，人际关系要和谐，家庭要美满，故颇能与一般社会人士相应。有很多父母到寺院礼佛时，都会把小孩带来，虽然孩子在佛殿里乱跑、吵闹，但我们仍很欢喜，因为这是一种家庭信仰的传承。

——《星云日记》

7

爱维护了伦理，爱制定了秩序；父母、夫妻、子女、朋友之间，是靠爱来维系关系，是靠爱来制定层次。一个人如果连父母、夫妻、儿女都不要，如何爱所有众生？甚至有的人自杀轻生，自己毁身灭体，一己之不爱，如何爱他人！因此，《华严经》告诉我们，要“爱人如爱己，率己以随人”。

——《普门学报・人间佛教的蓝图》

8

家庭是每个人的生活重心，孝顺则是人伦之始，是伦理道德实践的根本，所以在家庭的人伦眷属关系当中，佛教首重孝道的提倡。佛教认为，孝顺父母，报答亲恩，这是上报“四重恩”之一。反之，弑父弑母，则是不通忏悔的“五逆大罪”，《观无量寿经》更将孝顺父母列为往生净土的重要资粮。

——《普门学报・人间佛教的蓝图》

9

菩萨愍念众生，不分亲疏，因此，我们应该学习诸佛菩萨，把爱从狭义中超脱出来，不只是爱自己、爱家人，更要爱社会大众、爱国家世界。我们要用慈悲去扩大所爱，用智慧去净化所爱，用尊重去对待所爱，用牺牲去成就所爱。

——《普门学报·人间佛教的蓝图》

10

家庭有传灯的功能，不仅把生命延续下去，更将文化、慈悲、道德、信仰等传扬下去。人间佛教的家庭，便是依此菩萨精神而建立。夫妻不再是冤家，儿女也不再是讨债鬼，以正知正见成就菩提眷属，建立一个幸福美满的家庭。

——《佛光教科书·实用佛教·佛教的家庭观》

11

生活要美满幸福，社会、国家要安和乐利，都必须植基于健全的家庭之上。如何才能有一个健全的家庭呢？生活佛教化，就是说家庭生活要用佛法来净化、美化、弘化、佛化。“佛化家庭”的内容包括：家庭教育、职业选择、人我关系、养生之道、养老之道、修行之道、佛堂布置、居家图书馆等，一切生活行事都以佛法为依归，如此必能建设一个幸福美满的佛化家庭。

——《佛教丛书·仪制·佛化家庭篇》

12

现代人由于从大家族转型为小家庭，大家平日分居各处，亲情越来越淡泊。所以当一个人面临生死关头的时候，应该鼓励子女对至亲家人给予一些临终的关怀与照顾，如过去的病榻守夜、侍奉汤药，以恪尽人子之道，这是应该提倡的基本孝道。

——《普门学报·佛教对“临终关怀”的看法》

13

为人父母者，除了教育子女以外，还要对子女未来前途有一番帮助。如何对待子女呢？有五种方法：教育子女，不可为恶；指其善处，使有品格；慈爱关怀，教其学问；善为婚嫁，尊重为要；适时供给，助其事业。

——《佛教丛书·仪制·佛化家庭》

14

子女如何孝顺父母：供养父母，不令缺乏；凡有所为，必先禀白；父母所为，恭顺不逆；父母正令，不敢违背；父母正业，不为中断。

——《佛教丛书·仪制·佛化家庭》

15

《心地观经》说：“悲母在堂，名之为富；悲母不在，名之为贫。悲母在时，名为日中；悲母死时，名为日没。”堂上双亲健在，是人间最幸福的事，因此，为人子女，当父母健在时就应该好好孝顺，千万不要等到“树欲静而风不止，子欲养而亲不待”时，徒留遗憾。

——《普门学报·人间佛教的蓝图》

16

夫妻是五伦之一，也是一切社会关系的开始，如何建立美满和谐的夫妻生活？先生要做到：身边少带钱、晚饭要回家、应酬成双对、幽默加慰言。太太要做到：家庭是乐园、饮食有妙味、勤俭为五妇[①]、赞美无秘密。

——《星云日记》

17

夫妻相处，最重要的是“沟通”，有沟通才能让对方了解彼此的感受，说出问题点，彼此才能有改进成长的机会。所谓“微小转广大”，一件小事情闷在心里，闷久了，彼此不说话、不关心，最后形成冷战，隔阂就会越来越深，终究变成不可挽回的憾事。

——《星云法语·夫妻相处》

18

一个好丈夫，必须是勇敢护妻的丈夫，负责家计的主人，诚信服务的君子，工作热忱的勇士，欢喜乐观的家人，幽默风趣的伴侣。

——《佛教丛书·仪制·佛化家庭》

19

一个好妻子，必须是勤于家务的贤妻，长于赞美的友人，敦亲睦邻的邻居，慈悲应世的信徒，爱语笑声的家人，热心公益的善人。

——《佛教丛书·仪制·佛化家庭》

20

妻子对待丈夫有五事：体贴敬爱，家务整洁，诚实毋欺，温柔亲切，赞叹恭维。

——《佛教丛书·仪制·佛化家庭》

21

丈夫对待妻子有五事：要帮忙家务，经常礼物慰赠，关心妻子的亲友，要让妻子家居自在，与妻子一起户外活动。

——《佛教丛书·仪制·佛化家庭》

22

夫妇之道有以下六点：

（1）上等的丈夫，回家帮助太太料理家务。

（2）中等的丈夫，回家喝茶看报赞美太太。

（3）下等的丈夫，回家气势凌人嫌东嫌西。

（4）上等的太太，治家整洁贤惠有礼。

（5）中等的太太，慰问丈夫赞美辛劳。

（6）下等的太太，唠叨不休刻薄自私。

——《星云法语·夫妇之道》

23

当太太发现丈夫有了婚外情，应该如何处理？吵架是没有用的，最好的解决办法是“用爱再去把爱赢回来”，这才是明智之举。我们常说夫妻的关系是“另外一半”，你嫁的另外一半，他要的是什么？无非是要你爱他，要你对他好。你都不会赞美，怎么好得起来？因此，不会笑的要学习笑，不会说话的要学习说话，没有表情的要学习有表情。如果能让对方感觉“家庭如乐园”，每天生活里充满了欢乐、笑声，又哪会有婚外情发生呢？

——《普门学报·佛教对“女性问题”的看法》

24

一个家庭如果夫妻双方个性不合，无法一起生活，甚至演变成为家庭暴力，到底可不可以离婚？站在人间佛教的立场来看，当然希望大家能组织幸福美满的家庭。基本上，佛教并不赞成离婚，但是如果到了水火难容的地步，也要好聚好散，毕竟人和人之间，适性者同居。如果人心、人情到了水火不相容的地步，还是让它水归水，火归火，勉强在一起，不如彼此好聚好散。

——《普门学报·佛教对“女性问题”的看法》

25

如何才能化解家庭暴力？正本清源之道，就是家庭里的每一分子，对家人的爱要永恒、宽容、体谅、升华，要互相尊重与包容，共同维护家庭的和谐与美好。

——《普门学报·佛教对“女性问题”的看法》

26

我认为婆媳间，应该先学会认知、体谅与同情，并且要有方法、要交流、要沟通。比方说，为人媳妇要懂得尊重婆婆，了解婆婆的心理，并鼓励丈夫对婆婆多些照顾，让婆婆不至于有失落感，如此，丈夫便不会夹在两个女人之间难做人，他自然就会更加爱老婆。假如婆婆也把媳妇当女儿看待，教导儿子要爱老婆，媳妇看到婆婆这么开明，也会恭敬这个长者。总之，婆媳之间互相体谅，问题就容易解决。代沟是双方的责任，并不是单方面的问题，如果有一方肯让步，就会天下太平。

——《普门学报·佛教对“女性问题”的看法》

27

三等媳妇：

第一等媳妇：不但要让公婆尊重你、丈夫爱护你，尤其要善理家务，把婆家视如娘家，每日洒扫庭院，供应三餐，委屈忍耐，不可以有情绪化的语言、动作出现，这是最重要的。

第二等媳妇：至少要顾念大局，要为亲爱的丈夫做人，要设法对婆婆表示臣服，不可意气用事，做晚辈的本来注定就是理亏，如果能够认清自己的身份，后面就会有改善的空间。

第三等媳妇：一到婆家，立刻摆出对立的态势，开口“你们这一家”，闭口“你的爸爸妈妈”，就是藐视公婆，存心向伦理挑战。甚至平日生活斤斤计较，一点儿委屈都不能忍受，整天诅咒、怨恨、哭闹、投诉，这就无法维持正常的婆媳关系，也没有办法成为一个正常的家庭了。

——《人间万事·三等媳妇》

28

宴客时，上等的主妇，能和客人同时用餐；中等的主妇，来不及和客人一起用餐，拜托大家先用，表明有一道汤还没煮好、一道水果还要切；下等的主妇，让客人老是呼唤吃饭，却仍不得办法出来吃；劣等的主妇，客人喊到最后，饭都吃饱了，还来不及出来。

——《普门学报·佛教对“素食问题”的看法》

29

四等婆媳：

第一等婆媳，如母女亲密；第二等婆媳，如朋友尊重；第三等婆媳，如宾主客气；第四等婆媳，如冤家相聚。婆媳之间的关系如同跳探戈，你进我退，我进你退。人与人之间，只要我待人好，他人也会把我当成亲人一样；人家嫌我、怪我，就是我待人不够周到，所以要待人好才能增加人我之间的空间，婆媳之道，更是如此。

——《普门学报·佛教对“女性问题”的看法》

30

今日人间佛教的居家之道，应该用智慧来处理人伦之间的感情，用佛法来净化、美化、佛化家庭生活。对于老中青幼等分子，彼此之间要互相爱敬、慈孝、教育、规劝，因为家人之间是一种连锁关系，父母子女等眷属就像锁链一样环环相扣，不可分割。人人尽其在我，相敬相爱，个个身心健全，融洽和谐，家庭才有欢笑，家庭伦理也必然和乐美满。

——《普门学报·人间佛教的蓝图》

31

治家之道：

（1）妻女无妒则家和：家庭里的妻、女、姑、嫂，相处之道要彼此和平礼让，恭敬淳谨，不要嫉妒、多生是非，这样家庭自然会和谐。

（2）兄弟无偏则家兴：兄弟姐妹的思想、意见、看法，要合于中道，不要太过偏颇、执着。兄弟团结无偏，家庭才能兴隆。

（3）上下无纵则家尊：家庭中，无论长辈、晚辈，不可纵情纵欲，要依理遵法，这样一个家庭才会有尊严。

（4）嫁娶无奢则家足：婚姻嫁娶是家庭的大事，难免慎重其事。但良好端正的人品才是最重要的，不可太过奢华、浪费，如此，家庭自然会富足。

（5）农工无休则家温：也不一定指农工之家，现今的工商社会，只要从事正当事业，勤劳勉力，都能够让家里的大小衣食温饱。

（6）祭祖无忘则家良：一个家庭，不忘记祭祖之诚、不忘失丧祭之礼，必定是一个良善的家庭。

——《星云法语·治家之道》

32

怎样的传家之宝，才能让家庭和乐、家族兴盛绵延呢？

（1）“勤俭”是传家之宝：社会上许多成功的企业家，他们之所以能成功，绝不是从安逸享受中得来，而是从勤俭奋斗中获得的。

（2）“孝道”是传家之宝：亲子之间有着“上代以来，从己而出”的血缘关系。借着世代相传的伦理，人类的纲常秩序才能稳固和延续。

（3）“慈悲”是传家之宝：培养孩子有慈悲心、有善念，他就能与人为善，不会到处树立敌人，从而拥有平安顺遂的人生。

（4）“信仰”是传家之宝：人不能没有信仰，没有信仰，心中就没有力量。但是要选择正信的宗教，如天主教、基督教、佛教。

除此，其他如儒家的三纲五常、仁义礼智，佛教的五戒十善、四摄六度、八种正道等，以及书香、教育、知识、明理、忠信、诚实、欢喜……都是值得代代相传的珍宝。

——《普门学报·佛教对“家庭问题”的看法》

33

如何探病才是如法？首先，探病的时间要适当，不能太早、太晚，停留的时间也不宜太长。和病人谈话的音量要适中，内容更应谨慎、得当，如不谈论刺激病人心情的话题，不与病人辩论争执，不教训病人，应说充满希望的语言，给予病人鼓励。病人焦躁不安时，可随机说法，使其心灵得到安慰，或者耐烦倾听病人的心声，纾解其心中的悲苦。

——《普门学报·佛教对“临终关怀”的看法》

34

佛门自古有“三分师徒，七分道友”的见地，站在为师者的立场，心中时时以徒弟为道友，以开通开明的教育方式，令法徒在师者启发之下，有更多自我启悟与开创的空间；站在为徒者立场，不只奉行“一日为师，终身为父”的美德。尤其在禅门中，往往受到一句一字的点拨，则慧命重生，人生改观。

——《佛光教科书·实用佛教·佛教的师弟之道》

李萧锟　绘

星云语录

心中时时以徒弟为道友，以开通开明的教育方式，令法徒在师者启发之下，有更多自我启悟与开创的空间；站在为徒者立场，不只奉行『一日为师，终身为父』的美德，尤其在禅门中，往往受到一句一字的点拨，则慧命重生，人生改观。

35

为人学生或弟子者，应以五事恭敬供养师长：

（1）善恭顺：为人学生弟子者，应恭敬顺从于师。

（2）善承事：所谓“有事弟子服其劳”，以财力或劳力供事于师。

（3）速起：见师应速起，以示尊重。

（4）所作善业：能依师之所教而实行之。

（5）奉敬师：若师有教命，敬奉无违。

——《佛教丛书·仪制·佛化家庭》

36

老师对待学生，有下列五种方法：顺法调御，以爱教导；诲其未闻，增广见识；随其所闻，令解善义；示其善友，乐于交游；尽己所知，教授不舍。

——《佛教丛书·仪制·佛化家庭》

37

每个人都有亲人、朋友，善待亲友，在我们的人生当中是非常重要的。有五种善待亲友的方法：若有布施，先给亲友；温和爱语，恭敬礼遇；利益均分，有我有他；困难之事，助他解决；诚实相待，不可欺骗。

——《佛教丛书·仪制·佛化家庭》

38

亲友的关系应该做到“互相安慰鼓励，嘉勉惜福守财，帮助人格尊荣，彼此隐恶扬善，督促前往善道”，以道相交，以舍往还，不可只有金钱的往来。

——《人间佛教系列·人生与社会·佛教的忠孝观》

39

与人交朋友，不要处处想到要别人帮我、有利于我，这种自私的心态，交不到知心的好朋友。交朋友，要想到我怎样给人快乐、给人欢喜、给人利益。如果一味地要求朋友有利于自己，就会亏损道义，所以交友不求益我。

——《普门学报·佛教对“青少年教育”的看法》

40

青少年交朋友应当要“以德相交”，拿出慈悲、真心、义气来交往，在紧要关头时才会互相扶持，患难与共；要“以诚相交”，朋友之间讲究诚信，摈除利害关系，才能成为知交；要“以知相交”，一个人懂得吸收新知，也会引来许多见多识广的人，兴趣相投，则能成为好朋友；最重要的是“以道相交”，一个有道德的人，无论远近，人人都乐于和他亲近。君子以信誉为信，朋友以道德为信；以道所交的朋友，才堪称做道友、法侣、善知识。

——《普门学报·佛教对“青少年教育”的看法》

【注释】

① 五妇：指妻子要做像母亲、像妹妹、像婢女、像妻子、像臣子般的太太。也就是说，对待丈夫有时像母亲关心儿子、有时像妹妹敬爱兄长、有时像婢女服侍主人、有时像妻子依赖丈夫、有时又像臣子伴随君主。

日日是好日

1

佛法不是叫我们不要快乐，只是佛法重法乐不重世乐。世间欲乐不去一分，佛法法乐就不能增加一分。世乐是短暂的、染污的，信佛学佛的人不知体证法乐，不知从慈悲布施、忍辱行道，以及各种修持法门中体证快乐，实在是非常可惜的事。

——《人间佛教系列·宗教与体验·从古德行谊说到今日吾人修持的态度》

2

人人皆有清净光明的佛性，就是佛宝；人人皆有等无差别的法性，就是法宝；人人皆有清净和乐的心性，就是僧宝。

——《普门学报·论佛教民主平等自由的真义》

3

皈依后即是正信佛教徒，如何做好一个佛教徒呢？

一、要求法：

凡道场有讲经说法，要发心前往参加，亲近法师，听闻开示。也可研读经典，从中了解佛教精神所在，才不会辜负自己的信仰。

二、要护法：

三宝弟子的责任是要护法，如参加讲经法会或度人前去闻法是“拥护”；对毁谤三宝者，挺身辩护即“保护”；支持正在受教育的僧青年即“爱护”。也就是为佛教贡献心力、财力、人力者皆为护法。

三、要修法：

修法就是依照佛陀所说的道理去实践，如佛陀要我们慈悲，则不可轻易伤害生命；佛陀要我们忍辱，则不可嗔心怒骂，如此就是在修法。

——《佛教丛书·仪制·寺院巡礼篇》

4

一般的佛教徒皈依以后，平常不去亲近善知识，听经闻法，只是祈求佛祖保佑，他只是皈依“佛宝”。有些知识分子，只是研究佛法，但是不拜佛，也不敬僧，他只是皈依“法宝”。有的人学佛只看哪个法师跟他投缘，就去亲近，既不听经，也不拜佛，他也只是皈依“僧伽”一宝。严格说来，这些都不是真正的三宝弟子。真正的三宝弟子，皈依以后，应该礼佛、闻法、敬僧，尤其要有正知正见，要深信因果，能“诸恶莫作，众善奉行”，如此才能获得佛法的受用，才能得到信仰的利益。

——《普门学报·佛教对“修行问题”的看法》

5

皈依，是对自己的信仰一生一世的选择，也是成为正式佛教徒的开始，犹如学生入学，必须注册，才能取得学籍一般。皈依是皈依十方三世一切佛法僧，皈依自性三宝，不是皈依某一人，不是拜师父。所以，皈依后的佛教徒是属于整个佛教的信徒，不是专属某一个人的徒弟。

——《佛教丛书·仪制·问题答问》

6

佛教徒皈依佛法僧三宝：皈依佛，佛如光明，有了光明，就能驱走黑暗，带来希望；皈依法，法如净水，有了净水，可以滋润大地，生长万物；皈依僧，僧如福田，有了福田，可以给人播种，广植福德。三宝的重要，就好比阳光、雨水、大地，缺一不可。唯有皈敬三宝，才得以长养法身慧命，升华心灵世界，跨越人生的藩篱。

——《普门学报·佛教对“修行问题”的看法》

7

四弘誓愿，一般人大都只是在早晚课时，于佛前唱诵，平时不敢讲，更别说要去实践了。能够把四弘誓愿落实在生活中，才是真正的大乘行者。

——《六祖坛经讲话·忏悔品》

8

皈依三宝后，做人要感恩知足，待人要喜舍布施，处世要广结善缘，平日生活则勤俭淡泊。依此而行，一年三百六十五天，日日是好日，同时也在社会大众中树立了佛教徒的美好形象。

——《开示》

9

人间佛教就是要大家从佛法中获得快乐、幸福。如何获得“快乐”？有名会带来盛名之累，有钱烦恼更多，情爱易招致是非纠纷，这些都不是究竟的快乐。有宗教的信仰，能使我们有个安身立命之处，使自己活得更自在。信仰能让生活升华、扩大，信仰能获得更多无形的财富。

——《星云日记》

10

人间佛教是在生活中、思想中修行，因此任何时候都可以修行。比如，修一个“给”字，不论春、夏、秋、冬，何时何地，都可以“给”。给，是无限、无量、无穷、无尽、无止的，将欢喜、信心、希望、方便传递给需要的人，让人间充满欢乐、和谐。因此可知，人间佛教“是行动的佛教，不是口说的佛教”。

——《开示》

11

佛教讲“修行”，就是修正行为。“修行”固然需要，“修心”更为重要。行正心不正，有外无内，这叫作修行不修心，如此不能解决根本问题。修行，也能修心，内外一如，诚于衷，形于外，则必能凡事皆办，凡修必成。

——《普门学报·佛教对“修行问题”的看法》

12

修行是净化、提升人格。能够自利利他，自度度人，尊重异己、包容万物，才算是修行。

——《星云日记》

13

佛教的修行在日常生活中，吃饭不嫌茶饭淡，简单朴素即可；衣服不求太华丽，整齐干净就行。人与人往来互相尊重，来时欢迎，去时相送。心存恭敬、包容、尊重。做人有人格、品德、威仪、肯与人结缘、心思端正、正知正见，这些都是修行。当然念佛拜佛也是修行，看经打坐也是修行，生活里的举止动念，统统

李萧锟　绘

星云语录

修行是净化、提升人格。能够自利利他，自度度人，尊重异己、包容万物，才算是修行都是人间佛教的修行。

——《如是说》

14

有人以为闭关不问世事，才叫作修行，其实不尽然。有一句话说："不开悟，不住山；不破参，不闭关。"如果本身的善根、福德、因缘不具足，纵使闭关，也难免烦恼妄想重重。所以，初学佛者不宜一开始就闭关、住山，应先走入人群，广结善缘，自利利他；把身心安住在戒、定、慧，心心念念不离四无量心、四弘誓愿。能从此处入门，将佛法融于身、口、意中，即人间佛教的修行。

——《如是说》

15

衣食住行、行住坐卧之间，乃至做人处事、交友往来、举心动念都可以修行。例如，穿着衣服，庄严整齐固然需要，但是破旧败坏，只要清洁淡雅，也无不好，这就是穿衣的修行。饮食三餐，美味可口，人之所欲；粗茶淡饭，也觉得别有滋味，这就是饮食的修行。居住房屋，深宅大院，固然很好；简陋小屋，也如天堂，这就是居住的修行。出门有汽车代步，快速敏捷；无车无船，也能安步当车，这就是行走的修行。

——《普门学报·佛教对"修行问题"的看法》

16

学佛修行，其实就是在与自己心中的烦恼魔军作战。借着佛法的力量来驱逐烦恼魔王，所以要持精进的矛，披忍辱的铠，同时要实践慈悲、智慧、禅定、持戒、布施等六度万行，如此才能战胜烦恼魔军。

——《佛教丛书·教用·佛教与武术》

17

密行，并非秘而不宣，故作神秘之举，而是视修行为本分事，不以修行作为沽名钓誉的手段，不贪求名闻利养。所谓“朝朝共佛起，夜夜抱佛眠”，心中有佛，此即密行的真义。

——《佛光教科书·佛教问题探讨·修行》

18

将自己安住在无我无相之中，对感情不执不舍，对欲望不贪不拒，对世间不厌不求，对生死不惧不离，从而出离五欲六尘，超越人我对待，才是所谓的出世修行。

——《当代人心思潮·平等与和平》

19

如何加强自我修行的密行呢？

例如，行立坐卧，威仪自重；吃饭时称念四句偈及食存五观想；举心动念，以慈悲利他为本；入众处事，以惭愧感恩为门。

对三宝生起恭敬及难遭难遇之想，对众生生起尊重及平等忍耐之力，把修行与生活融为一体。这些都是增长福慧的无上密行。

——《佛光教科书·佛教问题探讨·修行》

20

我们有时候会心浮气躁，有时候会妄想纷飞，有时候会贪欲无尽，有时候会瞋恨不停，这就是心生病了。佛法有很多治心的药方，如贪婪的毛病要用喜舍来对治，瞋恚的毛病要用慈悲来对治，愚痴的毛病要用智慧来对治，傲慢的毛病要用谦虚来对治，疑虑的毛病要用正信来对治，邪恶的毛病要用正道来对治。所以，“治心药方”对贪取五欲六尘为乐的我们而言十分重要。

——《人间佛教系列·人生与社会·佛教对心理病态的疗法》

21

心灵的环保要如何做？就是“只要心中有佛”。心中有佛，眼睛看到的都是佛的世界；心中有佛，听到的都是佛的声音；心中有佛，说的话都是佛的语言；心中有佛，所做的都是慈悲的事情。所以，我们虽然生长在这污浊的娑婆世界，只要懂得心灵环保，也能成为一朵出污泥而不染的莲花。

——《佛教丛书·教用·佛教与环保》

22

修行之道有四点：

（1）见人善行多赞美：学习说好话，以随喜赞叹来给人欢喜，这是待人修己的第一修行。

（2）见人迷惑指迷津：学佛要有不舍任何一个众生的悲心，所以见人困惑给他指点迷津，这是待人修己的第二重要修行。

（3）闻人称誉更奋勉：被人毁谤固然应该自我反省，如果别人称赞我们，也要虚心检讨自己是否实至名归，所以不但要心存感谢，甚至要心怀惭愧，觉得自己还不足，要更加的奋发、勤勉。

（4）闻人谤语要警惕：被人毁谤，也不必生气，把对方的批评毁谤当成给自己的一个警惕，是给自己忏悔、消灾的机会，能够如此转念一想，就是最好的修行。

——《星云法语·修行之道》

23

佛门常讲自利利他、自度度他、自觉觉他……都在说明自受用与他受用的关系，学佛可以帮助我们建立自他都受用的美好关系。例如：

（1）自修是自受用，但力量薄弱；共修则可借大众力量来激励自己，彼此互相成就。

（2）打坐时，定中的轻安法乐是自受用；让人生起恭敬、精进心是他受用。

（3）念佛时，心念专一与法乐交流是自受用；让别人生起信心是他受用。

（4）布施时，自己内心欢喜是自受用；别人看了赞叹是他受用。

——《星云日记》

24

佛教的戒律是发自内心的自我要求，属于自律。因为是自发性的遵守戒规，乃至自发性的发露忏悔，因此能从心灵的净化，进而升华道德人格。所以，一个国家如果人人都能守戒，则家庭就有规范，社会也有法制。

——《人间佛教的戒定慧》

25

持戒是修行一切善法的基础，也是一切修行的根本。戒不是用来“读诵”的，而是要去实践“奉行”。平时日常生活里，若能时时“做好事、说好话、存好心”，就是净化三业，就是在实践“七佛通戒”的“诸恶莫作，众善奉行，自净其意”了。甚至“待人好”，处处为人着想，凡事都能了解“因缘果报”的真理，这就是持戒。

——《人间佛教的戒定慧》

26

持戒是不侵犯他人，借由持戒也能够转变我们的命运。持不杀生戒，可以转短暂的寿命为绵长；持不偷盗戒，可以化贫贱的生活为富有；持不邪淫戒，可以保持家庭的幸福美满；持不妄语戒，可以获得别人的信任赞誉；持不饮酒戒，可以常保身体的健康以及理智的清明。持戒能将原本坎坷的遭遇改变成福乐安康的命运。

——《佛教丛书·教用·佛教与命运》

27

五戒，不但不杀生，而且要爱护一切有情，自然能获得健康长寿；不但不偷盗，而且要进一步喜舍布施，自然能够发财富贵；不但不邪淫，而且要尊重他人的名节，自然家庭会美满；不但不妄语，而且要以爱语赞美抚慰所有众生；不但不喝酒，而且要修习智慧，以正知正见来引导别人向善。

——《当代人心思潮·尊重与包容》

28

受持五戒，小至个人可以免除苦恼、恐怖，可以获得身心的自由、平安、和谐、快乐。大至国家社会，如果人人都能受持佛教的五戒，那么我们的国家必定是一片淳朴谦让、重德祥和的净土。

——《普门学报·论佛教民主自由平等的真义》

29

能够持守五戒，就懂得尊重别人的一切自由，如不杀生，是尊重别人生命的自由；不偷盗，是尊重别人财产的自由；不邪淫，是尊重别人身体的自由；不妄语，是尊重别人名誉的自由；不喝酒，使自己神志清楚，就不会胡作非为，从而不去侵犯别人。我们看监狱里那些作奸犯科的人，哪一个不是因为违反五戒而身陷囹圄呢？

——《当代人心思潮·尊重与包容》

30

能将佛法应用在现实生活里，于平时待人处事、人我互动往来中，懂得克己复礼，自我修身养性，一切行事如法如仪，对人尊重包容、不侵犯他人，这就是“止持”戒律；若能进一步给人信心、给人欢喜、给人帮助、给人利益，这就是“作持”，也是真正奉行“人间佛教戒学”的最佳典范。

——《人间佛教的戒定慧》

31

受到侮辱、委屈、毁骂、批评，而能沉得住气，不伸张、不辩论，这种忍辱实在不容易。不过，没有关系，虽然一时被冤枉、被误解了，但是时间会为我们洗清一切。任何人冤枉我、欺侮我，因果、佛菩萨不会冤枉我、欺侮我。

——《人间佛教系列·宗教与体验·从古德行谊说到今日吾人修持的态度》

32

凡事耐烦，经得起时间的考验，这是修道者的第一课。修道者的眼睛不是要看人、看物，而是要看自己的心。不要让心随境转，懂得看真、善、美，看好不看坏、看正不看邪、看是不看非。

——《如是说》

33

有恭敬心，自然就能去除傲慢，礼让别人。修道人不但对佛菩萨要恭敬，也要有不轻后学的心态。佛法在恭敬中求，如果没有恭敬之心，想要获得佛法的宝藏是很困难的。

——《如是说》

34

我们对物质减少一分，人格就能升高一分；我们对世间的情念减少一分，道念就能增加一分。

——《人间佛教系列·宗教与体验·从古德行谊说到今日吾人修持的态度》

35

忏悔，是我们生活里时刻不可缺少的美德。忏悔像法水，可以洗净我们的罪业；忏悔像船筏，可以载运我们到解脱的涅槃彼岸；忏悔像药草，可以医治我们的烦恼百病；忏悔像明灯，可以照破我们的无明黑暗；忏悔像城墙，可以摄护我们的身心六根；忏悔像桥梁，可以导引我们通往成佛之道；忏悔像衣服，可以庄严我们的菩提道果。《菜根谭》云："盖世功德，抵不了一个矜字；弥天罪过，当不得一个悔字。"犯了错而知道忏悔，再重的罪业也能消除。

——《佛教丛书·仪制·寺院巡礼篇》

36

一般人常犯的毛病是自赞毁他，把我的一分好夸成十分，把他人的一分坏说成十分，炫己抑人，徒然多招反感。少说人家的是非，少论他人的短长，便是修行第一方。

——《人间佛教系列·禅学与净土·禅师与禅诗》

37

"不怕无明起，只怕觉照迟"，这种内心觉照反省的功夫，就是忏悔。忏悔在生活上有什么作用呢？它能帮助我们什么？忏悔是认识罪业的良心，是去恶向善的方法，是净化身心的力量。日常生活中能够忏悔，就能得到恬淡快乐。

——《佛教丛书·仪制·寺院巡礼篇》

38

大乘菩萨的助道资粮——六度，皆可作为现代人修行的眼目，如不悭吝而行的无相布施，护念有情生命的持戒，心甘情愿地忍辱，遍学无厌的精进，净秽一如的禅定，生佛平等的智慧。

——《佛光教科书·佛教问题探讨·修行》

39

世间最大的力量是“忍”的力量，经云：“忍之为德，持戒苦行所不能及。能行忍者，乃可名为有力大人。”修习菩萨道，最重要的就是“忍”，正所谓“难行能行，难忍能忍”。佛云：“不能欢喜忍受恶骂、毁谤、讥讽如饮甘露，不名为修道之人。”《法华经》中的常不轻菩萨，任别人打骂，都言：“我不敢轻视汝等，汝等皆当作佛。”在忍之前，还有什么放不下？

——《如是说》

40

忍，是中华文化的美德；

忍，也是佛教认为最大的修行。

无边的罪过，在于一个瞋字；

无量的功德，在于一个忍字。

——《迷悟之间·难忍能忍》

41

在科技进步、来往频繁的社会里，“尊重与包容”显得尤为重要。我们应该尊重他人的自由，以奉持五戒代替侵占掠夺；尊重生命的价值，以喜舍布施代替伤生害命；尊重大众的所有，以共享福利代替自私自利；尊重天地的生机，以环保护生代替破坏残杀。

——《当代人心思潮·尊重与包容》

42

如果家中环境许可，可设一佛堂，每日晨起，于佛菩萨圣像前献花供水、上香礼拜，或诵经一卷，或静坐五分钟；夜晚临睡前，可于佛前礼佛静心，或读诵《佛光祈愿文》，反省自己的功过。每周可参加一次或两次的道场共修，借由宗教的禅悦法喜，洗涤自己的贪瞋烦恼，开发内心的圣财。

——《佛光教科书·佛教问题探讨·修行》

43

一炷清香不如一瓣心香，一束鲜花不如一脸微笑，一杯净水不如一念净信，一串念珠不如一句好话。

——《星云法语·最好的供养》

44

在我一生中，是“心甘情愿”让我在严苛封闭的丛林里，安住身心十年，是“心甘情愿”使我心平气和地面对各种讥讽与毁谤，是“心甘情愿”使我无怨无悔地兴办佛教的文化教育事业，是“心甘情愿”让我立定了弘扬人间佛教的坚强决心，更是“心甘情愿”激发起我生生世世做和尚的愿心！

——《星云日记》

45

自古以来，做人之道首重治心，怎样治心呢？以下列出国际佛光会提倡的“三好运动”中，关于“存好心”的原则：

（1）要有惭愧心，惭愧、知耻才能庄严身心。

（2）要有慈悲心，慈悲就没有敌人。

（3）要有欢喜心，有了欢喜，人间才没有缺陷。

（4）要有孝顺心，有了孝顺，世间才有纲常纪律。

（5）要有信仰心，有了信仰，为人才有目标、才有力量。

（6）要有般若心，有了般若，才能解决一切问题。

（7）要有柔软心，柔软才会包容，才能克刚。

（8）要有精进心，精进才能立志向前、向上。

（9）要有平等心，有平等心，才能与真理相应。

（10）要有谦虚心，傲慢的人，永远敌不过谦虚的人。

（11）要有自尊心，尊严是心中的财富，是心中的宝典。

（12）要有和谐心，和谐才能团结人心。

（13）要有忍辱心，忍辱不自卑，才是至刚至大的力量。

（14）要有道德心，道德是做人的品牌。

（15）要有感恩心，有感恩心的人，是一个富贵的人。

（16）要有尊敬心，尊敬是学佛、做人所不可或缺的要素。

李萧锟　绘

星云语录

在科技进步、来往频繁的社会里，『尊重与包容』显得尤为重要。我们应该尊重他人的自由，以奉持五戒代替侵占掠夺；尊重生命的价值，以喜舍布施代替伤生害命；尊重大众的所有，以共享福利代替自私自利；尊重天地的生机，以环保护生代替破坏残杀。

（17）要有包容心，能包容，才大、才多、才有。

（18）要有诚信心，有诚信才能得到别人的信赖。

（19）要有勇猛心，勇猛向前，才能开拓另外的世界。

（20）要有恒常心，有恒常心，才不会懊悔、犹豫。

（21）要有惜福心，惜福才会有福。

（22）要有大愿心，有愿就有力量，有愿就能突破难关。

（23）要有仁爱心，仁爱所至，无力抵挡。

（24）要有忠义心，忠肝义胆是天地间的正气。

（25）要有正直心，做人处事，正直为本。

（26）要有利人心，处处为人着想的人，必然受人尊重。

（27）要有专注心，专心注意，凡事能成。

（28）要有结缘心，广结善缘，更有人缘。

（29）要有喜舍心，喜舍是福慧增长之道。

（30）要有无我心，无我则凡事不计较、不比较。

（31）要有诚挚心，诚挚待人，即使吃亏也必得好报。

（32）要有随喜心，随喜顺人乃广结善缘之道。

以上所列三十二种好心，若能训练成“平常心”，则虽行好心并不着力，那么一生所为，何患不成！

——《星云法语·存好心》

46

一个人只要一念生起清净的信心，即能灭除八万四千重罪。

所以一个人一生所做的功德把它累积起来，都不及皈依三宝、求受五戒当下所获得的功德殊胜。

——《开示》

47

要具甚深的信心，才能与佛法契合。透过信仰，使人格升华、使人生圆满。只是有病求神、有难求神，甚至怪神明没有保佑，这是较低下的信仰。何谓甚深信心？就是富贵不能淫、贫贱不能移、威武不能屈的坚定立场，不管情况如何，都不改其所信。

——《如是说》

48

想要有前途、有成就，就看我们的发心有多大。因为发心里面有力量，发心里面有欢喜，发心里面有财富，发心里面有人缘。

——《如是说》

49

学佛人要有道念威仪，要勤劳发心、弘法利生，要虚心受教、不断改进，生活作息要正常，并树立自己良好的形象，这才称得上是真正入了佛门。

——《如是说》

50

一般佛教徒，平时禅修、念佛，自我端正身心，工作之余则加入小区义工行列，服务人群，或是布施钱财，济困救急，乃至助印佛书、流通佛法，甚至参加佛教兴校办学等文化、教育事业，这就是在奉行“三聚净戒”，也就是在实践菩萨道。

——《人间佛教的戒定慧》

51

一个佛教徒，应有怎么样的宗教体验生活？

一、以如生活，无不皆如：

佛教的生活是“如”。所谓“如”，“就是这样”的意思，如是就是要安住身心。比如，一个月我赚到多少钱，就依多少钱去生活；我应该做多少事，就尽力去做。把生活中的一切都看成“当然的”“本来的”“一切就是这样”。有了“如”的观念，自己就不会妄求、妄动，不为五尘所染，不随五欲而转，就能无不皆“如”，到处随缘自在。

二、以缘行化，到处有缘：

世界的成立要靠“因缘”，事业的成长，人我的关系，生活衣食住行，就是树木花草，也要靠各种条件因缘才能开花结果。生活在人间，没有“因缘”，实在窒碍难行，难以有所成就。所以，我们要认识缘起，进而广结善缘，平时多结缘，以缘行化世间，就会到处有缘，就能得道多助。

三、以智拥有，凡事皆智：

世间的一切，我们不可以用愚痴、贪心、妄念、邪见去追求，而要用智慧去拥有。比如，外在的物质生活，好比浮云行空，瞬即消逝，因此我虽不一定占有，但是可以享有；我虽不一定求外在的财富，但要开发心里的宝藏。能以智来拥有，凡事都是智慧，懂得随缘来、随缘去，就不会挂碍于心，恰似蜻蜓点水，了无余波，自在逍遥。

四、以定安住，一切能定：

我们要把心安住在哪里呢？安住在钱财上，它可能失去；安住在感情上，它可能会变化；安住在荣耀上，它可能不长久，实在没有一个真正的安乐窝。佛陀教我们安住在禅定上，所谓“以定安住，一切皆定”。禅的世界，是“寂然不动，感而遂通”、无住而住的世界，充满洒脱、自在、活泼；禅的风光，可以与宇宙天地永恒并存。

——《星云法语·如何拥有宗教体验生活》

52

我们也可以和佛陀一样，每日不断地在放光。口说善良的语言、赞美的好话，这不是口中在放光吗？观看人世，以慈眼垂视众生，以慧目观照社会，这不就是眼睛在放光吗？耳中注意听闻佛法、听闻歌颂佛德，这不是耳朵在放光吗？满脸的笑容、满面的慈祥，这不就是面容在放光吗？心中的慈悲、菩提、道念，这不就是心中在放光吗？身体的端正、行立坐卧的威仪安详，这不就是通身在放光吗？

——《迷悟之间·佛法义理·放光的意义》

53

现在的人，学习知识比较容易，学习当一个勇者比较困难。有的人平时逞强好胜，但在危难之前，容易被人收买，忘失身负的重任，忘失做人的骨气。所以，真正的勇者，没有多年的修身养性，是不容易成功的。美国的航天员要升到太空以前，都要修习禅定，因为禅定能养成一个人的勇气。当一个人在生死之前，都能无所畏惧，还有什么不能勇敢的呢？

——《迷悟之间·勇气》

54

福德智慧是从读经、作务、布施等日常修行中累积的。历代高僧大德的风仪道念，就是每天在排班、课诵、跑香下，累积熏习出来的，所以“老实修行”是不二法门。

——《如是说》

55

佛陀的三十二相好①，都是从累劫②注重生活行仪中修来的。

生活的行仪，除了要奉行戒律，防非止恶，更要积极地饶益有情。举凡施与他人信心的和风，欢喜的煦日，方便的雨露，服务的温暖，都是学佛者实践清净生活行仪的内容。

——《佛光教科书·佛教问题与讨论·生活》

56

修身修口修佛心，修自修他修人我，

修时修地修密行，修福修慧修禅净。

——《佛光菜根谭》

57

宽恕是良药，施舍会快乐，

身安茅屋稳，知足天地宽。

——《佛光菜根谭》

【注释】

① 三十二相好：指佛陀所具足之三十二种殊胜容貌与微妙形相，能令人生起欣喜爱乐之心，故称三十二相好，分别为：足下平满相、足下轮形相、手指细长相、足跟广平相、指间缦网相、手足柔软相、足趺高满相、腨如鹿王相、垂手过膝相、象马阴藏相、身广长等相、身毛上靡相、一毛一孔相、身色金黄相、身放光明相、皮肤润泽相、七处隆满相、两腋充满相、上身如狮相、身形端直相、两肩圆满相、口四十齿相、牙齿紧密相、牙齿齐白相、两颊隆满相、常得上味相、舌广而长相、声如梵王相、目绀青色相、眼如牛王相、顶上肉髻相、眉间白毫相。

② 累劫：指无限长之时间。劫，是古代印度表示极大时限之时间单位。

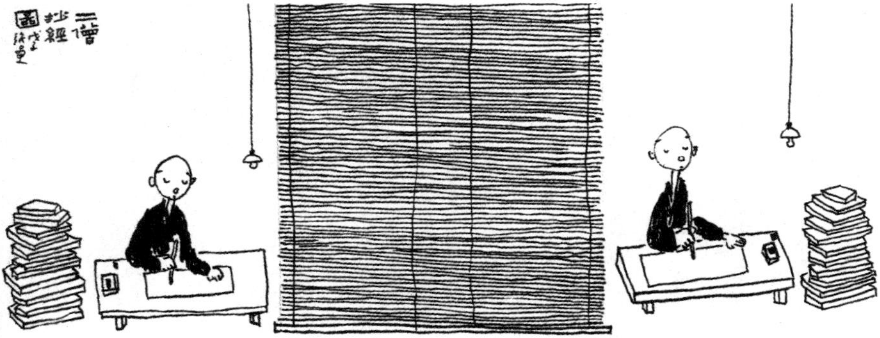

李萧锟　绘

星云语录

现在的人，学习知识比较容易，学习当一个勇者比较困难。有的人平时逞强好胜，但在危难之前，容易被人收买，忘失身负的重任，忘失做人的骨气。所以，真正的勇者，没有多年的修身养性，是不容易成功的。

生命的价值是对人有用

1

生命的价值就是“爱”，生命的意义就是“惜”。有爱，就有生命；有爱，就有生机；有爱，就有存在；有爱，就有延续。生命不是出生以后才有，也不是死亡就算结束；生命是无始无终，生命是无内无外。生命是活力，是活用，是活动；生命要用活动、活力、活用来跟大家建立相互的关系。例如，雨水灌溉树木丛林，树木丛林也能保护水分；人吃了万物后排泄成肥料，肥料又再成为万物的养分。生命是相互的，是因缘的，想独存，想个己，那就没有生命了！

——《普门学报·佛教对“生命教育”的看法》

2

生命之所以有力量，在于能为生命留下历史，为社会留下慈悲，为自己留下信仰，为人间留下贡献。因此，生命教育最重要的，就是指导学生如何尊重生命，如何活出生命的尊严，如何创造生命的价值与意义。佛教认为，生命的意义，在于增进人生的真善美，在于懂得永恒的生命。人的色身虽然有老死，但是真实的生命是不死的，就如薪火一样，赓续不已。因此，人生的意义不在于寿命的久长，而在于对人间能有所贡献、有所利益。

——《普门学报·佛教对“生命教育”的看法》

3

生命实在是一种无价之宝，对所拥有的东西，应心存感恩、感激，尤其是健康的身体。

——《星云日记》

4

佛教徒对“生命”的定义，不在于表相上是动物、是植物的区别，而在于有无心识反应。例如，鸡、鸭，我们要杀它，它会有心识反应，会恐惧害怕；我们吃青菜、萝卜，它只有物理的反应，没有心识反应。就以一般人都会有的同情心来说，摘取一片植物的叶子和杀死一只动物的心情，毕竟还是不同的。

——《普门学报·佛教对“素食问题”的看法》

5

佛陀重视大我的生命，他以众为我，曾说：“我是众中的一个。”佛陀深知有形的躯体总会朽坏，因此，他把有形、有限的生命融入大化之中，用无形的法身慧命来照顾众生。所以，佛教的生命能普遍全体，不仅普及一切人、一切动物，所谓“情与无情，同圆种智”，甚至“阐提也能成佛”。

——《普门学报・佛教对“生命教育”的看法》

6

佛教是以人为本的宗教，虽然主张对任何微弱细小的生命都要尊重，但是我们每天总在无意之间伤害很多生命而不自知，如呼吸时空气里没有微生物的生命吗？茶食之间没有微小的生物吗？甚至打针、吃药、开刀，火葬、土葬，难道没有伤害寄附我们身上的生命吗？只是当下我们并没有“杀心”。因此，在修养上，我们纵有杀生的行为，也不要有杀生的“心业”；纵有伤害物命的行为，也要对不慎杀害之生命生起惭愧之心，并深深忏悔，这就是佛教戒律的根本精神。

——《普门学报・佛教对“素食问题”的看法》

7

佛教认为控制我们命运最大的力量是“业力”。所谓业力，是指行为的影响力：一个人身、口、意的造作有善有恶，善有善报，恶有恶报。因此，古德说：“欲知前世因，今生受者是；欲知来世果，今生作者是。”业力虽然能控制我们的命运，但是控制业力的却在于我们自己。如果能够改善自己的生活，不造恶业，广植善根，我们的命运必定是光明平坦的。

——《佛教丛书・教用・佛教与命运》

8

佛教讲过去、现在、未来三世因果，虽然重视过去的命运，但是更注重现在和未来的命运。因为过去的宿业已然如此，纵然再懊恼，也无法追悔，但是现在和未来的命运却掌握在我们的手里，只要我们妥善地利用每一刻真实的现在，前程仍然是灿烂的。因此，佛教主张不沉溺于过去命运的伤感之中，而积极追求未来充满无限希望的命运。

——《佛教丛书·教用·佛教与命运》

9

佛教对社会有什么贡献？姑且不说其他，只要社会中有一人守五戒，则一人健全；一家守五戒，则一家健全；一个机关守五戒，则一个机关健全；一个县市守五戒，则整个县市健全。推而广之，对社会国家就有无量无边的贡献。

——《人间佛教系列·学佛与求法·十数佛法》

10

佛教除了对人权的维护，更进一步重视“生权”的平等。佛教主张“众生皆有佛性”，把一切众生都看成“未来佛”，恭敬尊重每一个生命的权利。由于佛教提倡“生权平等”，自然跨越国界的藩篱，而能“天下一家”；自然泯除同异的分歧，而能“人我一如”。

——《佛光教科书·佛光学·佛光学的发展与方向》

11

生命是一门艰深难懂的学问，尽管生命深奥难懂，但是分析起来不外乎“生”与“死”两个课题。佛教非常正视生死问题，佛教其实就是一门生死学，如观世音菩萨“救苦救难”，就是解决生的问题；阿弥陀佛“接引往生”，就是解决死的问题。佛教不仅解答生死问题，佛教更是尊重生命、爱护生命，佛教倡导惜缘、惜福、惜生、惜命，佛陀对一切众生的慈悲爱护，载之经典，处处可见。

——《普门学报·佛教对“生命教育”的看法》

12

生命不是临终的时候才需要关怀，活着的时候就要给予照顾。甚至临终关怀也不是只对临命终病人所做的医疗照护，也是对广大社会大众施以一种广义的死亡教育，让人正视生死问题，而不是一味地逃避不谈。因为有生必然有死，死前的临终一刻是每一个人必然要面临的，既然人人都或早或迟要步入不同性质的临终期，就应该早做准备，尤其是精神与生理上的准备。

——《普门学报·佛教对“临终关怀”的看法》

13

生，是因缘生；死，是因缘灭。从圣义谛来看，无生也无死。自然就像一个“圆”，好因带来善果，坏因遭致恶果，因果相续，无始无终。无量劫以来，生命在自然循环下历经千生万死。死固然是生的开端，生也是死的准备，所以生也未尝生，死也未尝死。如薪尽火传，生命之火不曾停息；如更衣乔迁，生命的主人仍未尝改变。所以古来的高僧大德大事已明，生死一如。

——《当代人心思潮·自然与生命》

14

佛教净土宗称死亡为“往生”，既是往生，就如同出外旅游，或是搬家乔迁，如此死亡不也是可喜的事吗？所以，死亡只是一个阶段的转换，是生命托付另一个身体的开始。因此，死亡不足惧，面对死亡，要顺其自然、要处之泰然。

——《迷悟之间·生死泰然》

15

死亡不足畏惧，死亡以后就像移民一样，到了另外的国家。只是我们有生存的资本吗？只要我们有功德法财，即使换一个国土，又何必害怕不能生活呢？

——《迷悟之间·生死泰然》

16

生死是再自然不过的事，即使是佛陀，也要“有缘佛出世，无缘佛入灭；来为众生来，去为众生去”！人生世缘已了，随着自然而去；重重无尽的未来，也会随着因缘而来。能把生死看成如如不二，生又有何喜？死又何足为悲呢？

——《迷悟之间·生死一如》

17

人之惧死，就是认为生可见，死是灭，所以灭之可悲也！其实，人的生命如杯水，茶杯跌坏了不可复原，水流到桌上、地下，可以用抹布擦拭，重新装回茶杯里。茶杯虽然不能复原，但是生命之水却一滴也不会少。

——《迷悟之间·生死一如》

18

生与死是人生两大课题，也是一般人难以解开的谜。当初佛陀出家证悟的，正是解答这两大谜题的真理。今日人间佛教，也不外乎解决生、死两大问题。生，就是养与教；死，就是丧葬事宜。依佛法的观点来看，生不足喜，死亦不足悲，唯以庄严的心态面对之。

——《普门学报·人间佛教的蓝图》

19

死，是人生的一件大事。佛教认为，生、老、病、死，人之常情，死并非生命的结束，只是另一场轮回的开始，故说“生死

李萧锟　绘

星云语录

人之惧死，就是认为生可见，死是灭，所以灭之可悲也！其实，人的生命如杯水，茶杯跌坏了不可复原，水流到桌上、地下，可以用抹布擦拭，重新装回茶杯里。茶杯虽然不能复原，但是生命之水却一滴也不会少。

一如”，要我们看淡生死，进而勘破无常。

——《佛教丛书·仪制·丧葬礼仪篇》

20

有人提倡安乐死，认为人在病重的时候，与其让他痛苦地活着，不如帮他打一针，让他免受病苦的折磨。佛教是个以慈悲为本的宗教，对于“安乐死”虽不绝对否定它，但也不断然肯定它。佛教认为，对于每一个生命都应本着爱心、慈悲心，让他健康地存在。万一不得已而必须施以“安乐死”，如果确认是出于慈悲心，是为了不忍病人受苦，也没有什么不对，重要的关键在于是否以慈悲心为出发点。

——《人间佛教系列·人生与社会·佛教的道德观》

21

人在临终时，特别关心死后的去处，因此，佛教的净土思想、三世轮回、生命不死、因果业报等道理，此时都成为病人与家属最佳的心灵救护。

——《普门学报·佛教对“临终关怀”的看法》

22

佛经说，人活在世上，好比乌龟背着躯壳一样，负担沉重，行止笨拙，而死亡就是脱离了这个沉重的躯壳，转化成有形的生命。因此，当人临终时，应该告诉他，死亡不是消灭，也不是长眠，更不是灰飞烟灭，无知无觉，而是走出这扇门进入另一扇门，从这个环境转换到另一个环境。经由死亡的通道，人可以提升到更光明的精神世界里。

——《佛教丛书·仪制·丧葬礼仪篇》

23

信仰佛教并非就没有生死问题，而是要人勘破生死！生和死如影随形，不仅凡人生了要死，死了再生，生生死死，死死生生，生死不已；信仰佛教的人虽然一样有喜怒哀乐，一样有生死问题，但是学佛后能认清生命的实相，就有力量面对生死的各种问题。

——《普门学报·佛教对“生命教育”的看法》

24

过去一般人学佛，都是希望能“了生脱死”。所谓“了生脱死”，能够透视人生的真相，了解生命的意义与价值，当下活得自在，这就是“了生”；能够认识死亡后的世界，对未来充满信心与希望而无惧于生死、超越生死，这就是“脱死”。若能进一步帮助别人认清生死实相，同样解脱自在，就叫作“自觉觉他”，就是大乘菩萨道的实践，也是人道的完成。

——《普门学报·佛教对“生命教育”的看法》

25

在古老的观念里，生之可喜，死则可悲。当人之生也，弄璋弄瓦，百般庆贺；一旦撒手人寰，呼天喊地，悲泣万分。其实，人出生时，就注定死是必然的结果。所以，人之生也，都要死亡，又有何可喜？人之死也，如冬去春来，又有何可悲？生死一体，生了要死，死了再生，生生死死，死死生生，循环不已。

——《迷悟之间·生死一如》

26

佛门对于“死”，有一套情理兼顾的处理方法：

（1）在病重时，登门探病，与病者及家属谈论佛法，安抚身心，也可诵经祈福，作忏消罪。若因此康复，则前往道贺，并且观机逗教，举事证理。

（2）在临终乃至往生时，为其助念，使之安然离去。

（3）往生之后，七七日内，乃至出殡送葬，家属可为亡者诵大乘经典，增添功德以为往生资粮。

——《普门学报·佛教对“临终关怀”的看法》

27

有关丧葬礼仪，应注意下列几点：

（1）不要虚荣：现在的人遇到丧葬事宜，常以虚荣心处理，要做得比别人奢华，实在不必要。其实，尊重亡者的心愿，才是最重要的。

（2）不要铺张：丧葬事情，不讲究有多少乐队、多少花车，庄严、肃穆胜于吹吹打打。尤其这是个人家庭的事，何必劳师动众。

（3）不要迷信：治丧无非求死者安、生者孝，一尽孝心悼念而已，不必刻意造作。

（4）不要执着：许多风俗其实都是人为的，如看地理、风水、日期，都是迷信，太过执着，于事无补。比方说，一定要看什么日子，日子不好就不吉祥。世间哪有什么一定的日子？我们这里是白天，美国倒变成晚上了。所以，不一定迷信时辰，也不一定执着地理，日日是好日，处处是好地。只要心好，时时处处都好，诚意比虚节重要。

——《佛教丛书·仪制·丧葬礼仪篇》

28

站在佛教的观点来看，我觉得捐赠器官含有生命延续、内财布施、资源再生、同体共生等意义。我们的生命是不死的！身体虽有老病朽坏的时候，但生命如薪火相传，是永恒无限的。通过器官捐赠，带给别人生机，也是自我生命的延续。

——《普门学报·佛教对“安乐死”的看法》

29

医学上以动物做实验，目的是救天下苍生，所谓“人固有一死，或重于泰山，或轻于鸿毛”，死的价值不一样。医生从事医学研究，目标远大，有时也可以不拘泥于小节。不过，做实验不得已要杀生时，如果能带着“对不起”“感恩”的心态，并将实验功德回向给被牺牲者，就比较圆满了。

——《普门学报·佛教对“素食问题”的看法》

30

每个人活在世间，难免会有缺陷，何必要求死后一定要“全尸”呢？再者，一个人只要有愿，有心把自己的身体布施出来利益别人，就不怕因器官摘除而因痛生瞋，造成无法安详往生极乐净土的顾忌。所以，对于死后八小时不能移动身体，甚至不能捐赠器官的这种观念，早已不合时宜。现代人的思想应该随着时代而进步，应该正确地认识生死。

——《普门学报·佛教对“临终关怀”的看法》

31

在充满缺陷而不圆满的人间，我们应该寻求精神世界的圆满、悟道世界的圆满、信仰世界的圆满。例如，认分就是圆满，知足就是圆满，接受就是圆满，包容就是圆满。乃至现在讲究同体共生、尊重包容、互助友爱、共享共荣，都有助于人生的圆满。甚至学习佛陀的“自觉觉他、自度度人、自他两利”，都是圆满。

——《普门学报·佛教对“生命教育”的看法》

32

当你捐出一个眼角膜，就能把光明带给别人；当你捐出一颗心脏，就能给别人生命的动力；当你捐赠骨髓，就是把生命之流，流入他人的生命之中。所以，器官捐赠是自利利他，是十分有意义的事，值得全民推广、响应。

——《普门学报・佛教对“安乐死”的看法》

33

生命是很宝贵的，能不杀生尽量不杀生。平时要保持居家环境的清洁，避免滋生蟑螂、老鼠等，纵然有时候不得不伤害它们，也不能带着“打死你、杀死你”的心态，应该心存歉意，如此罪过也会比较轻。世间上无论什么东西都有生存的权利，广义的杀生，如一朵花原本可以开一个月、两个月，不好好照顾，它很快就萎谢，这也是杀生；衣服原本可以穿三年、五年，不爱惜它，三个月、五个月就坏了，这也是杀生。现在是重视民权、生权的时代，每一个人都应该尊重生命。

——《普门学报・佛教对“素食问题”的看法》

34

自杀是愚痴的行为，自杀者不能引起别人的同情，更不能获得家人的谅解，所以有自杀念头的人，自杀前应该多想一想，如日本青木原自杀森林入口处的告示牌说：“生命是双亲所给予的珍贵之物，请再想想你的父母、兄弟和孩子。不要一个人烦恼，请试着与我们谈谈。”自杀不是解决问题的唯一方法，当然更不是最好的方法。有自杀念头的人，应该找人好好谈一谈，只要自己多给自己一些机会，生命就会再现生机。

——《星云法语·关于自杀》

35

自杀是很自私的行为，不但伤害自己的生命，还把痛苦留给别人，这怎能安心、怎能解脱呢？再说，一个人既然连死都不怕了，为什么不提起勇气活下去呢？所以，希望大家都能珍惜生命，不要轻易伤害自己。

——《普门学报·佛教对“素食问题”的看法》

36

对于人生，不必想得太过悲哀，世间上的一切都是有因有果，坏的因果也能转变成好的因果。人间千万条道路，何必只选择自杀一途呢？

——《普门学报·佛教对“素食问题”的看法》

37

有些人以为自己有权力来决定自己的生死，但从“缘起”真理来看，我们的生命是由父精母血所和合产生的，是因社会士农工商提供日用而继续存活的，所以世间上没有一个实体的“我”。生命既是天地万物自然所共有，所以凡自杀、杀他都是逆天行事，违反自然。

——《当代人心思潮·自然与生命》

38

放生最大的意义，是先放人一条生路，给人方便、给人救济、给人离苦，才最为重要。我们应提倡随缘放生，不要刻意放生。花草有花草的生命，物品有物品的生命，保护它、珍惜它、延长它的生命，这才是佛教徒应有的护生观念。

——《星云日记》

39

佛教说人生、世间都是无常的，所谓“无常”，就是迁流、变易的意思。其实无常并不可怕，只要对无常有正确的认识就会知道，因为无常，才有希望；因为无常，才有未来。无常，让人会珍惜生命；无常，让人会珍惜拥有；无常，让人会珍惜因缘；无常，让人会珍惜关系。

——《普门学报·佛教对“生命教育”的看法》

40

“动”是生命的活力，人生的意义在于能动。因为动，人才有思想，才有感情，才有活力；“懒”，不动，即不懂生命意义。

——《星云日记》

41

人生如一盘棋，每一个人都是一颗棋子，有时摆在重要的位置，是将、是相，有时摆在不重要的位置，成为小兵、小卒。有时一盘棋，到了最后，小兵、小卒也能立下大功。所以，一颗棋子，倒不计较开始的大小，而要在乎最后立功多少。

——《迷悟之间·棋子》

42

无常苦空虽为人生实相，但在无常之中，我们皆有一颗不变的真心，也就是不生不死的生命。所以，从另一个角度来看，生命本来就是“永生”、就是“不死”的，死的只是肉体，生命之流、生命之水是永恒不灭的。

——《普门学报·佛教对“生命教育”的看法》

43

佛学，就是开展智慧之学。透过学佛，把痛苦、烦恼等转化为经验、智慧，以提升自己、扩大自己，才能圆满。因此，人生纵有缺陷，借由信佛、学佛、行佛、心中有佛，可以达到圆满。

——《普门学报·佛教对“生命教育”的看法》

44

莲花因为污泥，而更庄严清净；鲑鱼因为逆游，而更勇猛奋发；探索者不怕危险困难，正因为可以挑战自己的体能极限；参禅者不怕腿酸脚麻，也是向自我内在的陋习挑战。人生正是因为有着种种的横逆阻拦，而我们不断超越升华，才显出意义。因此，人生困顿，更要坚强；世道崎岖，更要勇敢；处事难公，更要自爱；做人难正，更要实在。

——《星云法语·人生当自强》

45

人生二十最：

（1）人生最大的敌人是自己。

（2）人生最大的毛病是自私。

（3）人生最大的悲哀是无知。

（4）人生最大的错误是邪见。

（5）人生最大的失败是骄慢。

（6）人生最大的烦恼是欲望。

（7）人生最大的无明是怨尤。

（8）人生最大的忧虑是生死。

（9）人生最大的过失是侵犯。

（10）人生最大的困扰是是非。

（11）人生最大的美德是慈悲。

李萧锟　绘

星云语录

『动』是生命的活力，人生的意义在于能动。因为动，人才有思想，才有感情，才有活力；『懒』，不动，即不懂生命意义。

（12）人生最大的勇气是认错。

（13）人生最大的收获是满足。

（14）人生最大的能源是信仰。

（15）人生最大的拥有是感恩。

（16）人生最大的修养是宽容。

（17）人生最大的本钱是尊严。

（18）人生最大的欢喜是法乐。

（19）人生最大的希望是平安。

（20）人生最大的发心是利众。

——《星云日记》

46

我们应该如何把握短暂的时间，去创造永恒的生命呢？佛教认为证悟法身，生命即能永远存在。因为法身尽一切时，遍一切处，无时无处不在。如佛陀虽然已于两千五百多年前进入涅槃，但是，他的生命却留在无尽的时间、遍布在无限的空间里。时至今日，大家仍然继承着他的生命，并且不断地在发挥着，这就是生命的永恒。

——《人间佛教系列·佛教与生活·佛教与生活（一）》

47

人到世间上来，除了要把握时间、争取时间、利用时间，多做有益社会人群的事，以延长时间上的寿命之外，更应努力创造美好的语言寿命、芬芳的道德寿命、显赫的事业寿命、不朽的文化寿命、坚定的信仰寿命、清净的智慧寿命、恒久的功德寿命、互存的共生寿命，如此才是真正拥有了福德与长寿。

——《普门学报·人间佛教的蓝图》

48

许多成功的企业家，他们开创事业，造福邦梓，泽被社会人群。例如，创建公司、工厂，一经营就是几十年，甚至百年老店。他们不但本身投注毕生的岁月，而且子子孙孙继承不辍，这就是一种事业上的寿命。

——《普门学报·人间佛教的蓝图》

49

长寿，不是肉体活到八十岁、一百二十岁，就叫长寿。除了肉体上的长寿以外，最重要的，我们还要有：

（1）言教上的长寿：我们的一句话能让他人有所帮助，能流传久远；我们的教育能被大家接受，就是言教上的长寿。

（2）工作上的长寿：工作要有恒，要敬慎持久。在工作上也能因为自己立下良好的工作典范，让后进者有规可循，事半功倍。

（3）功德上的长寿：要有益于人类、社会，让功德能持之以久。铺一条路，可以让众人走几百年；造一座桥，可以让众人安度彼岸，就是功德上的长寿。

（4）法身上的长寿：就是让我们的精神不死，慧命永恒。能证悟不死的生命，才是一种无量寿的长寿。

——《星云法语·健康与长寿》

50

人活着，不是为了一宿三餐；生命的意义，也不在于奔走钻营；生命的价值，更不在于本身的条件优劣，而在于对人是否有用。一颗上千万元的钻石，有人独得以后，珍藏起来，人们并不知道它的用途和宝贵；一堆不值钱的石头，以它来修桥铺路，却能供给普世人类的方便。因此，生命的意义，应该是以一己之生命，带动无限生命的奋起。

——《普门学报·佛教对“生命教育”的看法》

51

生命的定义，不在于一息尚存，而应在于是否具有用的价值。人存于世，固然可以说有生命；山河大地等能够为人所用，对于人间有贡献，也应视为有生命者。例如，一张纸上面画了圣贤的画像，一块石头雕成古德的相貌，让人一见生起仰慕效法之心，这一张纸、这一块石头就有了生命。

——《当代人心思潮·自然与生命》

52

生命的真谛在于有意义内涵，什么意义？比如，我一生中，教育多少的后进，提携多少的人才，帮助别人解决多少苦难，走过多少挫折。假如让别人因为我们而能有所增长、有所提高、有所扩大，那么，生命就不在表相上，而在自他成就的内涵中了。

——《星云法语·生命的真谛》

53

生命在呼吸之间，一口气上不来，生命就没有了。但是，生命不是只在这气息上而已，因为我们既然活在世上，就要对人类、对社会有所贡献，这就要靠思想了。思想里有智慧、有慈悲，都是利人利事，行止也必定是利人利事。

——《星云法语·生命的真谛》

54

两千五百多年前，佛陀在菩提树下证悟了自然的定律，并且名之为“缘起”。“缘起”符合了真理的普遍性、必然性、平等性、永恒性。大自然的一切现象，小至个人的成败得失、气候的寒来暑往，大至国家的盛衰兴亡、世界的成住坏空，莫不是在“缘起”法则下进行。其中，尤以我们的生命和缘起法则的关系最为密切。因为生命不是凭空而来，而是由自己造作的业力而来；不是由单一原因而来，而是由无明、行、识、名色、六入、触、受、爱、取、有、生、老死“十二有支”三世因果相续而成。

——《当代人心思潮·自然与生命》

55

我们应该尊重生命的价值，不但不伤害众生的生命，更要珍惜自己的生命。自许做一盏明灯，发挥生命的光热，照亮温暖周围的人群；发心做一棵大树，展现生命的清凉，为众生做庇荫；甘愿做一滴雨露，释放生命的柔和，滋润有情的身心；立誓做一道桥梁，铺排生命的张力，导引大家到安乐的彼岸。

——《当代人心思潮·尊重与包容》

56

生命的能量就是真如佛性，是人人本具，个个不无，是取之不尽、用之不竭，是无限无量的。我们要发挥生命的能量，先要把心里的问题找出来，把心中的盲点去除，则智慧、慈悲、功德等能量，自然源源不绝。

——《迷悟之间·生命的能量》

57

人，虽不一定要飞黄腾达、福寿双全，但要活得有尊严。过去的人讲究生存的尊严，极力争取自由、平等，大力倡导民主、博爱，甚至为此而不惜抛头颅、洒热血。现在的人注重死亡的尊严，希望能够死得安乐、死得自在，乃至为此而走向街头，奔走呼吁。其实，由缘起法则所延伸出来的“业力自由”“众生平等”“同体慈悲”“生死一如”等观念，才能统合生存与死亡，真正将我们生命的尊严发挥到自然的极致。

——《当代人心思潮·自然与生命》

58

基因是生命的密码，但基因不是一成不变的，它的内容也有因缘业报的关系。根据一项报道指出，基因不是从父母身上继承下来就永远不会改变，它是从孕育时起就接受外界的指示而加以响应表现。也就是说，基因不是操纵人类行为的推手，而是被人类的行为所左右，所以“业”才是我们生命的主宰。

——《普门学报·佛教对“生命教育”的看法》

59

正确观念的树立对于个人的修身立业、社会的繁荣进步、世界的和平安乐，都有非常重要的关系。譬如，有人认为“人不自私，天诛地灭”，因而一生自私自利，贪心缺德；有人不信因果，伤天害理，无恶不作；然而有些人凡事反求诸己，遇责不瞋，发愤图强，改变别人对他原有的印象；有些人乐观进取，遇到任何不幸的打击，都能从困难中找到奋斗的途径，从哀伤中体会生命的喜悦。由于观念的不同，造成个人的命运有如天壤之别。可见观念影响我们对人生的态度，改变我们的命运。

——《佛教丛书·教用·佛教与命运》

60

结缘不仅能改变我们的命运，而且是进趋佛法的重要门径。日常生活中，一个亲切的笑容、一句鼓励的赞美、举手之劳的服务、真诚的慰问关怀，都能带给对方莫大的快乐，增进彼此融洽的关系。结缘，使我们的人生更宽阔、命运更平坦。

——《佛教丛书·教用·佛教与命运》

61

轮回不是定型的，从动植物都有办法改良来看，因果也是可以改良的。所以，造了重罪的人，只要忏悔、改过、发心、立愿，就能将功折罪，就可以改变因果轮回的果报。所以，信仰能改变我们的人生，改变我们的命运，改变我们的前途，改变我们的未来。

——《普门学报·佛教对“生命教育”的看法》

62

尽管科学发达，未来或许真有可能诞生复制人，但是以佛教的观点来看，科学家所复制的是有机体，心灵的能量无法复制。也就是说，复制品只是形体上的，身体可以复制，但生命的精神与意志无法复制。生命要用生命才能复制，一切都不离“因果”。

——《普门学报·佛教对“生命教育”的看法》

63

过去的出家僧侣大都不懂得法律，只讲求道德观念，然而今日的出家众除了要有道德修养之外，还要懂得法律。因为现今的社会光讲道理不一定能适用，凡事都要知法、合法，才能防患于未然、才能保护佛教。

——《普门学报·宗教立法之刍议》

64

见性成佛，不再是渺渺难测，只要从日常生活中，止息人我诤论，普行恭敬，就是见性，就是与道相应。

——《六祖坛经讲话·前言》

65

“共生”，含有慈悲、融和的意思。法界一切众生是彼此互相依附，赖以生存的生命共同体。佛经有一则譬喻说瞎子、跛子、哑巴，借着互相提携帮助，终于安全地逃离火宅。一出精彩的戏剧，除了有主角的精湛演出之外，还需要配角的无漏配合。我们生存的社会，也需要士农工商各行各业，贡献每一个人的力量，才能建立祥和而共有的社会。慈悲，才能容纳对方；融和，彼此才能共生共存。

——《当代人心思潮·同体与共生》